Mona Noebel, Katrin Schoener, Axel Stöhr, Almut Strakerjahn, Lena Wegner
Herausgeberin: Birgit Werner

navi

Mathematik 4

1. Auflage

Bestellnummer 90404

Bildungsverlag EINS

Haben Sie Anregungen oder Kritikpunkte zu diesem Produkt?
Dann senden Sie uns eine E-Mail an 90404_001@bv-1.de
Autoren und Verlag freuen sich auf Ihre Rückmeldung.

Bildquellenverzeichnis:

Grafiken:

simulator design, Mainz/BV1; Evelyn Neuss, Hannover (Icons)

Umschlagfoto:

© Fotolia.com (Yarek Gora)

Fotos:

Almut Strakerjahn/BV1: S. 63, 67/o.; © Fotolia.com: S. 67 (Andi Pu/M.), 67 (garogorille/u. l.), 67 (Tom Thomas/u. r.); Mona Noebel/BV1: S. 18, 19

www.bildungsverlag1.de

Bildungsverlag EINS GmbH
Sieglarer Straße 2, 53842 Troisdorf

ISBN 978-3-427-**90404**-5

navi – unser Mathebuch

In deinem Buch begegnest du vielen Situationen, die du gut kennst.
Wir fangen an mit einem großen Bild – darüber kannst du den Kindern in deiner Klasse sicher viel erzählen.

Du hattest schon häufig mit Mathematik zu tun – in der Schule, aber auch im Alltag. Auf jeder Seite stellen wir dafür ein Beispiel vor.

Dann kannst du selbst tätig werden: mit deinen Mitschülern in der Klasse oder auch außerhalb des Klassenzimmers.

Dazu gibt es auch noch eine Extra-Seite, unseren „Mathespaziergang“, der dir zeigt, wie viel Mathe in deiner Umgebung steckt. Mathematik ist überall!

In den Rechenkonferenzen suchen wir gemeinsam nach Lösungswegen.

Alles, was besonders wichtig ist und dir beim Rechnen hilft, haben wir mit diesem Symbol gekennzeichnet:

Das ist eine gute Strategie!

Viele weitere Gelegenheiten zum Üben und Wiederholen findest du

auf unseren Spiele- und Knobelseiten

und vor allem im Arbeitsheft!

Und jetzt viel Mathespaß mit navi!

Dies ist unsere navi-Klasse:

Laura Lisa

Boris Serkan

Mehmet Ayshe

Tom Irina

Simon Peter

Fatos Ulla

Inhaltsverzeichnis

Inhaltsverzeichnis

1 Pünktlich sein

Rechenarbeit
22.9.2010
Beginn:
8.00 Uhr
Peter
3.

Ich will pünktlich sein

FAHRPLAN

84

Gültig: 01.01–09.06. – alle Angaben ohne Gewähr

5547/Käfertal, Bahnhof OEG

4 Bus

Richtung: Paradeplatz – Berliner Pl./RNV-Ku.Znet. – Ludwigshafen, Hbf – Bad Dürkheim, Bahnhof

Haltestellen	Fahrzeit in Minuten:
Käfertal	
Mannheimer Str.	01
Süd	02
Boveristr.	03
Mannheim, Exerzierplatz	04
Grenadierstr.	05
Lange Rötterstr.	07
Universitätsklinikum	09
navi-Schule	11
Alte Feuerwache	13
Neckartor	15
Marktplatz	16
Paradeplatz	18
Strohmarkt	22
Wasserturm	24
Kunsthalle	25
Ludwigshafen, Berliner Pl./RNV	34
Kaiser-Wilhelm-Str.	42
Hbf	46
Oggersheim, Endstelle	60
Bad Dürkheim, Bahnhof	87

Uhr	Montag–Freitag					
4	08					
5	25	45				
6	05	25	45	55		
7	05	15	25	35	45	55
8	05	15	25	35	45	55
9	05	15	25	35	45	55
10	05	15	25	35	45	55
11	05	15	25	35	45	55
12	05	15	25	35	45	55
13	05	15	25	35	45	55
14	05	15	25	35	45	55
15	05	15	25	35	45	55
16	05	15	25	35	45	55
17	05	15	25	35	45	55
18	05	15	25	35	45	
19	05	15	25	35	45	
20	05	15	25	35	45	
21	25	55				
22	25	55				
23	25	55				

Uhr	Samstag					
4	08					
5	55					
6	55					
7	55					
8	25	55				
9	05	15	25	35	45	55
10	05	15	25	35	45	55
11	05	15	25	35	45	55
12	05	15	25	35	45	55
13	05	15	25	35	45	55
14	05	15	25	35	45	55
15	05	15	25	35	45	55
16	05	15	25	35	45	55
17	05	15	25	35	45	55
18	05	15	25	35	45	
19	05	25	35	45		
20	05	15	25	45	55	
21	25	55				
22	25	55				
23	25	55				

Uhr	Sonn-/Feiertag		
4	08		
5	55		
6	55		
7	54		
8	45		
9	05	25	45
10	05	25	45
11	05	25	45
12	05	25	45
13	05	25	45
14	05	25	45
15	05	25	45
16	05	25	45
17	05	25	45
18	05	25	45
19	05	35	45
20	05	25	55
21	25	55	
22	25	55	
23	25		

Peters Haltestelle ist: Käfertal.

1. Wie lange dauert die Busfahrt zur Schule?
2. Welchen Bus muss Peter nehmen, um zur
   a) 1. Stunde um 8.00 Uhr in der Schule zu sein?
   b) 2. Stunde um 8.45 Uhr in der Schule zu sein?
   c) 3. Stunde um 9.55 Uhr in der Schule zu sein?

Ich will pünktlich sein

1. Wann muss Mehmet losgehen?
2. Wie viel Zeit hat er noch?

1 Pünktlich sein

Pünktlich sein – ja oder nein?

1)

2)

3)

1. Wie lange hat Boris noch Zeit zum Spielen?
2. a) Wann beginnt Ullas Zirkus-AG?
   b) Wie lange kann Ulla noch mit Irina spielen?
3. Wie lange können Tom und Serkan noch spielen?

Pünktlich sein – ja oder nein?

1)

2)

3)

1. Wann muss Mehmet losgehen?
2. Wie lange hat Tom noch Zeit zum Packen?
3. Wann müssen die Kinder zum Aufbauen da sein?

Wann genau?

1. Wann beginnt das Spiel?

2. Wann müssen die Kinder ihre Arbeiten abgeben?

Fragen würfeln

Spielregel: Würfle mit 3 Würfeln. Addiere dann die Augenzahl. Die Summe ergibt die Nummer deiner Frage. Mitspieler: 3–5 Personen

Deine Antwort kann lauten:

1. Ich muss auf die Minute pünktlich sein. **ODER:**
2. Ich muss nicht ganz pünktlich sein. 5 Minuten früher oder später zu kommen, wäre nicht schlimm. **ODER:**
3. Man wird nicht auf mich warten. Wenn ich gar nicht komme, wäre es auch nicht schlimm.

3	Du hast um 15 Uhr einen Zahnarzttermin.
4	Dein Unterricht beginnt um 8.00 Uhr.
5	Du hast deinen Klassenkameraden gesagt, dass du vielleicht auch am Nachmittag ins Schwimmbad kommst.
6	Dein Fußballtraining beginnt um 17.00 Uhr.
7	Das Schulfest beginnt um 16.00 Uhr.
8	Du sollst deinen kleinen Bruder um 12.00 Uhr am Kindergarten abholen.
9	Die Hausaufgabenbetreuung beginnt um 14.30 Uhr.
10	Du spielst in einem Theaterstück mit. Zum Umkleiden sollst du gegen 16.00 Uhr da sein.
11	Du hast deinen Klassenkameraden gesagt, dass du vielleicht am Nachmittag auf den Spielplatz kommst.
12	Die Mutter deiner Klassenkameradin hat dich zum Mittagessen eingeladen. Sie erwartet euch um 13.30 Uhr zum Essen.
13	Du willst ins Kino gehen. Die Vorstellung beginnt um 17.45 Uhr.
14	Du bist zum Geburtstag eingeladen. Man erwartet dich ab 15.00 Uhr.
15	Du spielst mit deinen Freundinnen. Deine Lieblings-Fernsehsendung beginnt um 17.10 Uhr.
16	Deine Mutter muss nach dem Mittagessen zum Arzt, darum soll schon um 13.15 Uhr gegessen werden.
17	Dein Bus zur Schule fährt um 7.32 Uhr ab.
18	Du hast dir vorgenommen, um 14.30 Uhr mit den Hausaufgaben anzufangen.

- Legt die Karten aus der Beilage der Nummerierung nach geordnet vor euch.
- Sprecht zusammen über die Antworten, bevor ihr die Rückseite der Karten lest.
- Für jede richtige Antwort gibt es einen Punkt.

2 Körper

Ich bin genauso groß wie breit und habe keine Ecken.
Ich bin unten breit und oben spitz. Außerdem habe ich einige Ecken.
Ich bin groß und schlank und habe 8 Ecken.
Ich bin unten breit und rund. Oben bin ich ganz spitz.
Ich bin groß und schlank und habe rundherum keine Ecken.
Kugella Kugel
MILCH

Quadi Quader
Pyra Pyramide
Würle Würfel
Zylli Zylinder
Kegu Kegel
Ich bin genauso groß wie breit und habe 8 Ecken.
10
von oben
von den Seiten
von unten

Die Geostadtbewohner

Kugella	Pyra	Kegu	Zylli	Quadi	Würle
Kugel	Pyramide	Kegel	Zylinder	Quader	Würfel

1. In welchen Häusern wohnen die Figuren?
   Z. B. „Kugella Kugel wohnt in einer Kugel." …

2. Welche Figuren stehen hinter den Häusern?
3. Lege verschiedene Figuren in einen Fühlsack.
   Welche Figuren kannst du fühlen?

Von allen Seiten

1. Bemale die Seiten von einem kleinen Körper mit Farbe und drucke sie auf Papier.

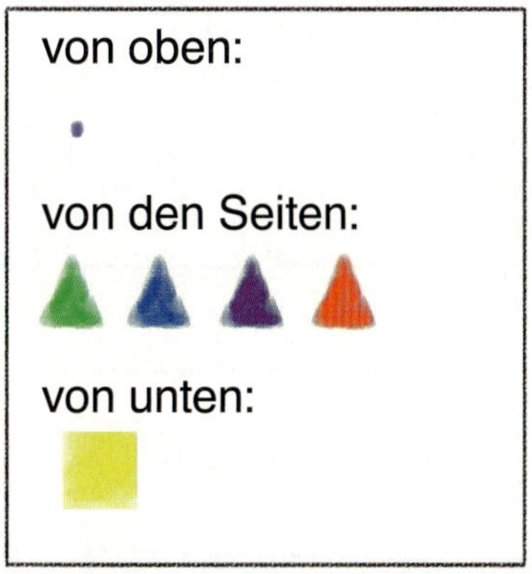

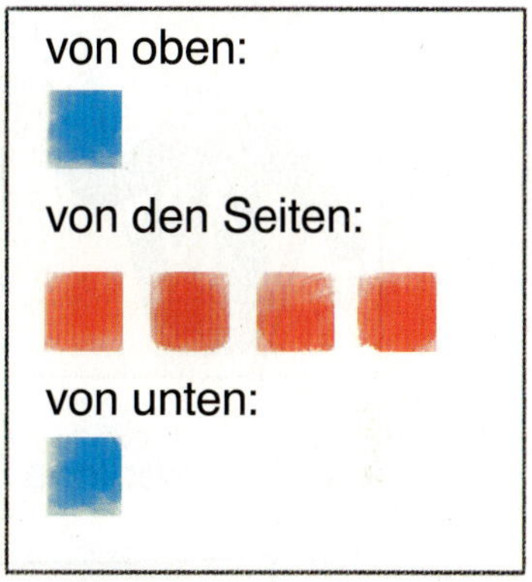

2. Welche Körper wurden hier von allen Seiten abgedruckt?

3. Welche Körper machen die Kinder nach? Mache selbst Körper nach.
4. Stelle verschiedene Körper aus Knete her.

Geoblick

1. Kannst du Serkans Frage beantworten?

a)

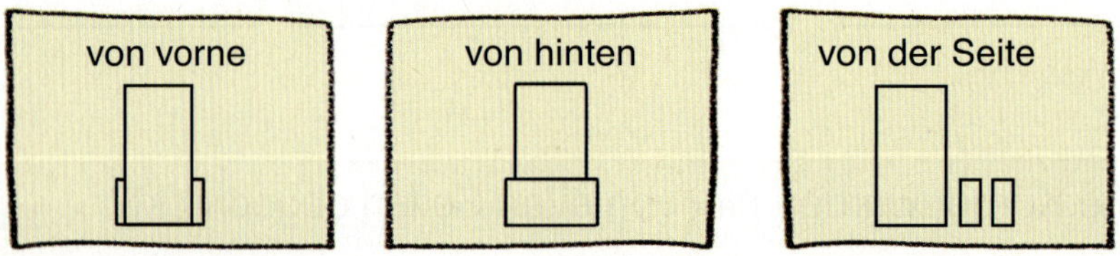

b)

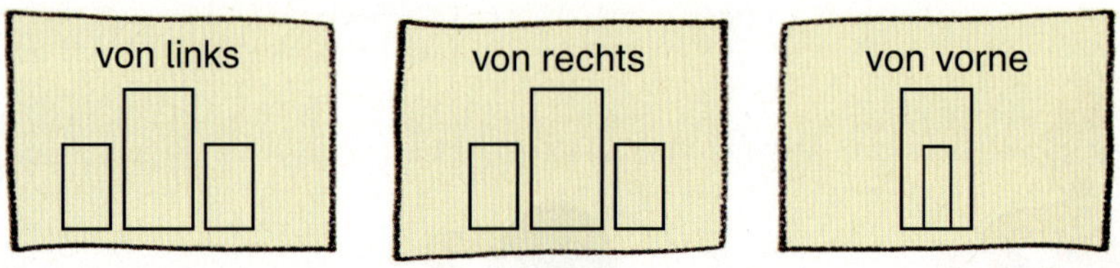

2. Wie müssen die Gegenstände liegen? Lege nach.

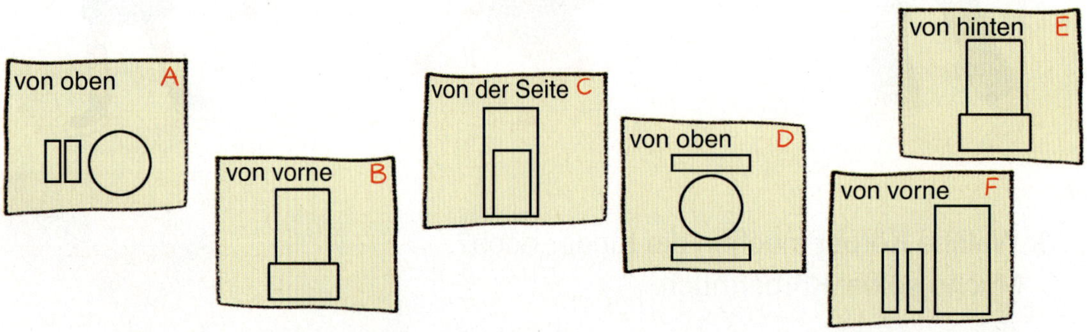

3. Welche drei Karten gehören zusammen?

Die Geostadt

a)

b)

c)

d)

1. Finde Quadi, Kegu, Zylli und Kugella.
2. Wer hat welche Bilder fotografiert?

3. Welche Körper erkennst du?
4. Wo sind die abgebildeten Verpackungen verbaut?

Suche selbst Verpackungen und baue mit deiner Klasse eine Geostadt.

Geheimzeichen

1. Gib Geheimzeichen weiter: Lege verschiedene Bausteine in einer Reihe versteckt vor dich. Mache die Handzeichen zu den verschiedenen Bausteinen. Deine Mitspieler müssen versuchen, deine Geheimzeichen zu verstehen und die Steine nachzulegen.

2. Welche Körper stellen die Kinder dar?

Würfelgebäude

1. Baue nach.

2. Erkläre Peters Lösungsweg.

3. Wie viele verschiedene Bauwerke kannst du mit 4 Würfeln bauen?

4. Wie viele Bausteine sind hier verbaut?

Baupläne schreiben

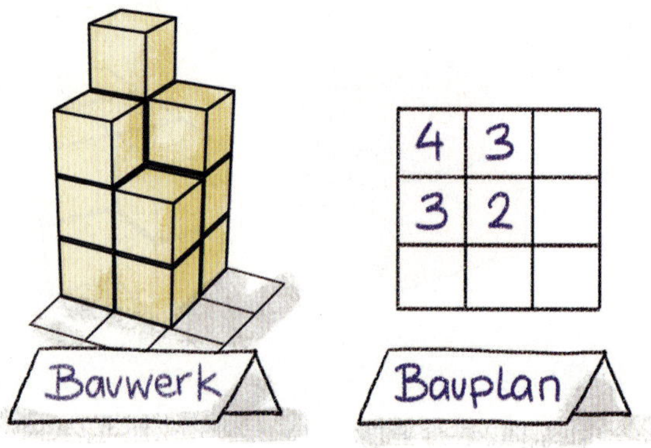

4	3	
3	2	

A

3	3	2
3	3	1
2	1	1

B

3	3	1
3	3	0
2	1	0

C

3	3	1
3	3	0
0	0	0

D

4	3	0
3	0	0
0	0	0

E

3	1	0
3	0	0
0	0	0

1. Welche Bauwerke und Baupläne gehören zusammen?
2. Bei welchem Bauwerk sind die meisten und bei welchem die wenigsten Würfel verbaut?

2	2	3
1	2	3
1	1	1

4	4	2
1	2	1
2	1	1

3	2	3
2	0	2
3	2	3

4	3	2
3	2	1
2	1	0

5	4	3
1	2	4
5	4	3

3. Baue nach Bauplänen.

Expertenseite

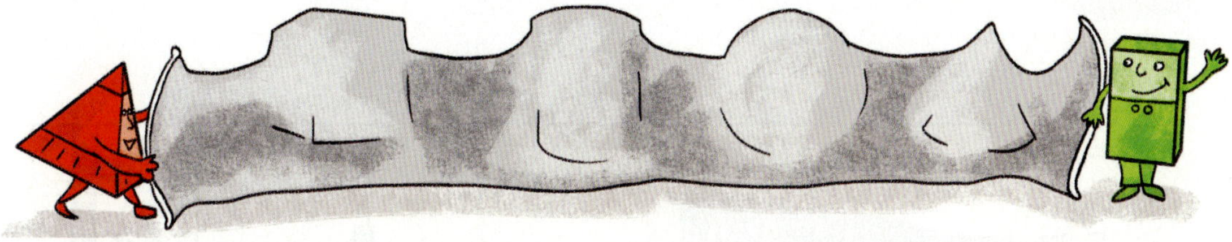

1. Wer krabbelt denn da?

2. Zu wem gehören diese Abdrücke?

3. Welche der Figuren hat …

3 Mathezauber

schwarze Katze, Schneckenschleim,
Mäuseschwanz und Hühnerbein,
Rattenhirn und Fliegendreck,
ienegnalhcS dnu ßufnennipS
Rechen-
künstler
Karte 1
Karte 2
Karte 3
Karte 4
Zauber-
karten
A

Zauberwürfel 1

1. Spiele Zauberer erst mit zwei, dann mit drei und dann mit vier Würfeln.

Zauberwürfel 2

1. Probiere aus.

3 Mathezauber

Zauberkarten

1. **Jetzt du!** Tipp: Wichtig ist die erste Zahl auf den Karten, auf denen die gesuchte Zahl steht.

nemmasuz nelhaZ netsre eid remmi elhäZ

Rechenkünstler

Spielverlauf: Zwei Personen rechnen zusammen bis 100.
Einer beginnt und nennt seine erste Zahl. Der Zweite zählt zu dieser Zahl seine Zahl dazu. Abwechselnd wird also immer zu der vorhergegangenen Summe eine eigene Zahl zwischen 1 und 10 dazugezählt. Wer zuerst die 100 erreicht, ist Sieger. **Es gelten nur die Zahlen von 1 bis einschließlich 10.**

Tipp: Die wichtigsten Zahlen bei diesem Hunderterspiel sind die **12** und die **89.**

1. Probiert aus.

Zauberschere

1. Nanu? Jetzt du.

Zauberringe

Anleitung: Du brauchst eine Doppelseite einer Tageszeitung, eine Schere und Klebstoff. Schneide von der langen Seite der Zeitung einen 5 cm breiten Streifen ab.

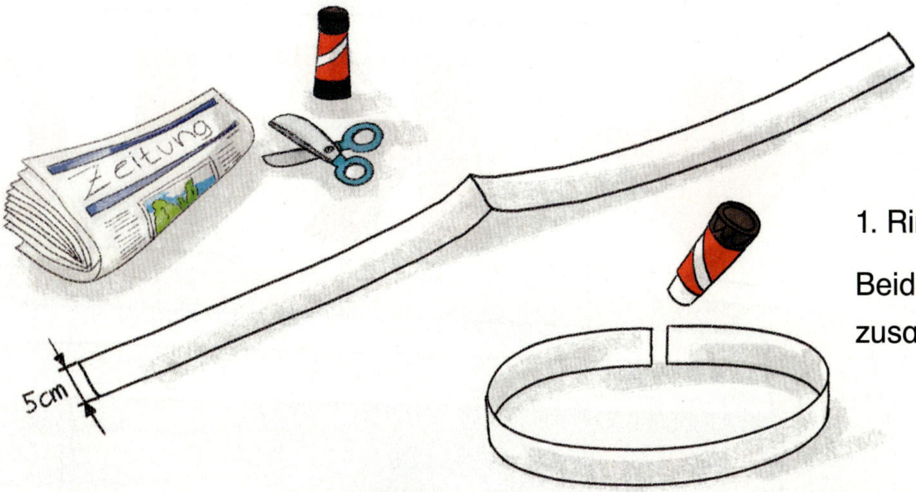

1. Ring

Beide Enden zusammenkleben.

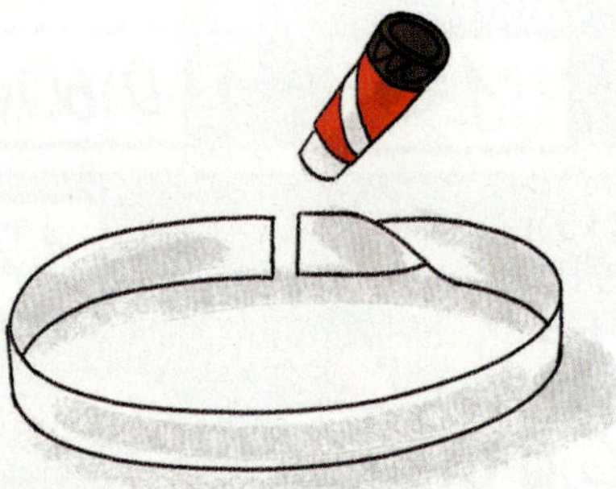

2. Ring

Das eine Ende einmal drehen, dann zusammenkleben.

3. Ring

Das eine Ende zweimal drehen, dann zusammenkleben.

Und nun: Schneide die Ringe genau in der Mitte rundherum auseinander. Mache zu Beginn mit der Schere ein kleines Loch.

4 Am Kiosk

KIO
1€
1€
0,60€
lecker
0,60€
Schoko
Schoko
Gummi
1,20€
0,20€
0,40€
0,30€
0,40€
0,50€
0,60€

SK
Eis
0,80€
0,60€
Kaugummi
0,30€
0,20€
Bonbons
1,30€

Was kostet das?

Merke

Das Komma trennt Euro und Cent.

1. Finde die Preise auf der Einstiegsseite und lies sie vor.

Euro	Cent	
0	5	0

0 Euro 50 ct = 0,50 €

2. Wie viel Cent sind das? Peter schreibt sich alles in einer Tabelle auf. Schreibe die Tabelle in dein Heft, fülle sie aus und finde im Bild noch mehr Preise.

Ich kaufe mir ...

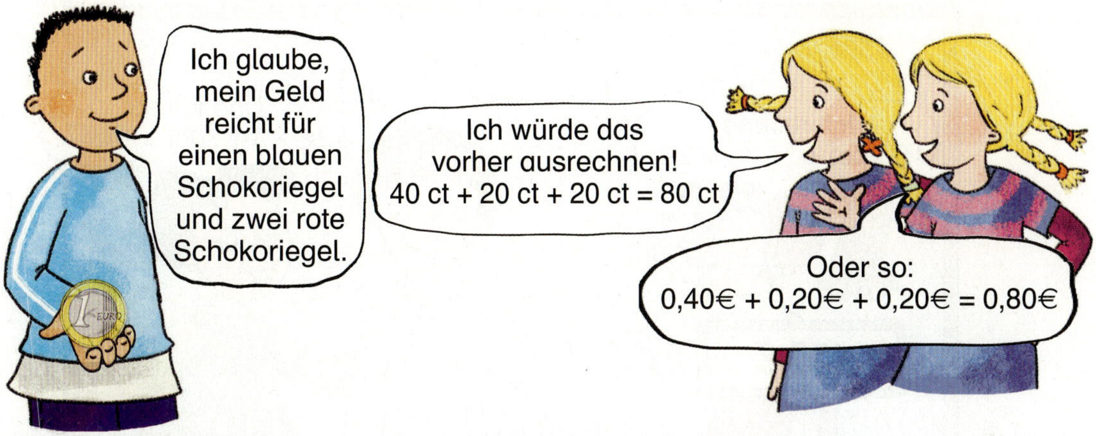

1. Hat Mehmet richtig geschätzt? Reicht das Geld?
2. Du hast 1 Euro. Was würdest du dir kaufen? Überlege zuerst, ob dein Geld reicht und schreibe dann deine Rechnung auf.

Merke

1 Euro ist das Gleiche wie 1,00 € und wie 1 € und 0 ct. 1 Euro = 1,00 € = 1 € 0 ct.

3. Was würdest du dir kaufen? Du hast 2 Euro. Lege die Beträge und schreibe deine Rechnung auf.

Du bekommst noch Geld zurück

1. Wie haben die Kinder gerechnet? Wie viel Geld bekommen sie zurück?
2. Rechne aus, wie viel Geld du bei deinen Einkäufen mit 2 € zurückbekommst. Schreibe deine Rechnung auf.

3. Würfle mit beiden Würfeln und rechne das Rückgeld auf 2 €, 5 € oder 10 € aus. Schreibe deine Rechnungen ins Heft.

Davon bitte 4

1. Finde heraus, wie viel Euro die Einkäufe jedes Kindes gekostet haben. Schreibe deine Rechnung auf. Das Spielgeld kann dir helfen.
2. Erkläre deinen Mitschülern deine Rechnung.

3. Lisa, Laura und Tom machen eine Rechenkonferenz. Wie haben sie gerechnet? Vergleicht auch mit euren Rechnungen.
4. Probiere die Strategien der Kinder aus.

Brezeln

Anzahl	4	2	1
Preis	2€	1€	

5. Wie rechnet Simon?
6. Reicht sein Geld?

Bauchladen

1. Entscheidet euch, was ihr verkaufen möchtet.
2. Wie viel Euro kosten die Sachen am Kiosk oder im Ladengeschäft?
3. Wie viel Euro sollen die Sachen bei euch kosten? Schreibt Preisschilder.
4. Überlegt, wie ihr die Preise aufschreibt.

5. Die Kinder kaufen bei euch ein. Schreibt alle Rechenaufgaben auf.

Ungefähr

1. Lies deinem Partner die Preise vor und nenne den ungefähren Preis.

Euro	Cent		Preis genau	Preis ungefähr
0	4	5	45 ct = 0 € 45 ct = 0,45 €	etwas weniger als 50 ct

2. Wie viel Euro kosten die Waren ungefähr?
   Zeichne die Tabelle in dein Heft und fülle sie aus.
3. Wann kann der ungefähre Preis dir helfen?

5 Andere Länder

+2
+3
FIN
RUS
Ostsee
EST
LV
LT
BY
PL
UA
SK
H
RO
HR
BIH
SRB
MNE
KSV
BG
MK
AL
GR
TR
Schwarzes Meer
Spaghetti
EM
Unser Europa

Zeitzonen

1. Wenn es in Großbritannien 15 Uhr ist, wie viel Uhr ist es dann in
   a) Deutschland (D)?
   b) Griechenland (GR)?
   c) Italien (I)?
   d) Russland (RUS)?

Italien (I)

Türkei (TR)

Island (IS)

Polen (PL)

Großbritannien (GB)

2. Wie viel Uhr ist es bei uns?

Wetter in Europa

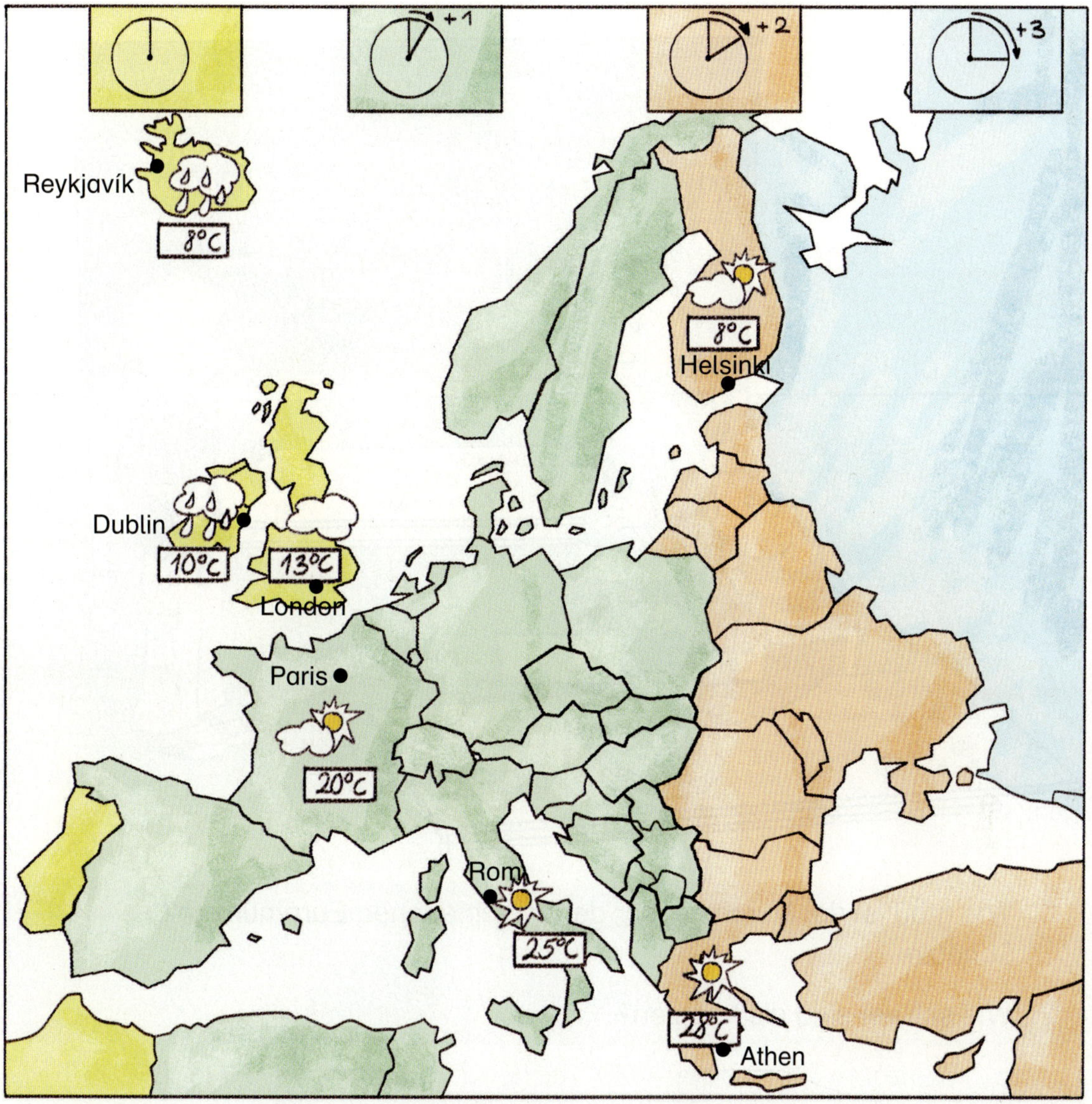

1. Wo ist es am kältesten in Europa?
2. Wo ist es am wärmsten in Europa?
3. Wie hoch ist der Temperaturunterschied:

a) Helsinki – Athen

b) Dublin – Rom

c) London – Reykjavík

Millimetergenau

1. Wie groß ist der Durchmesser der verschiedenen Euromünzen? Schätze.
2. Wie schwer sind die Münzen?

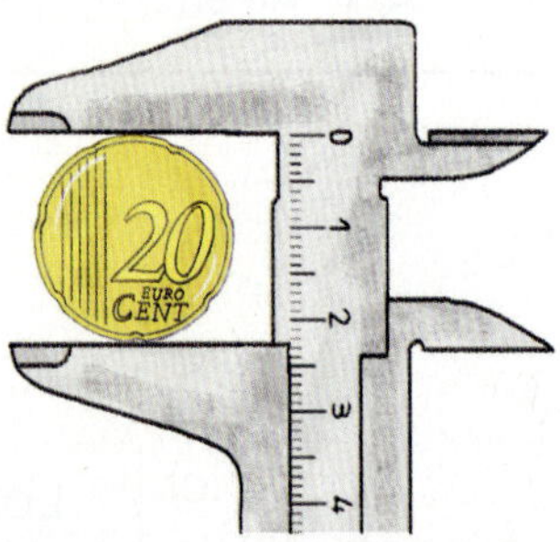

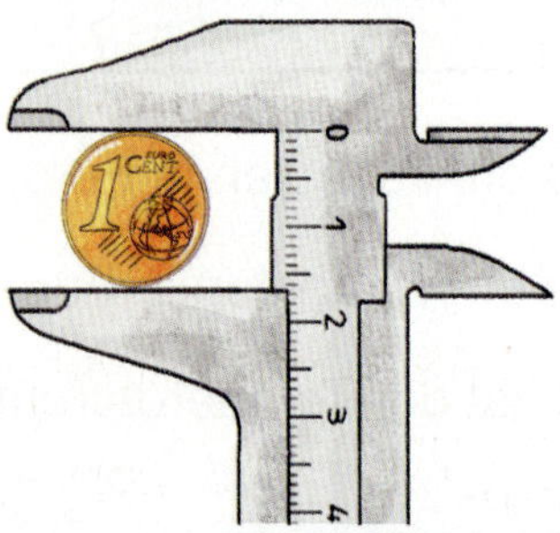

3. Miss nach. Stimmen die Angaben auf der Schublehre?

Euro-Detektive

1. Woran erkennt man Euromünzen aus Deutschland?
2. Wie viele Euros sind in jedem Kästchen? Schreibe ins Heft.

Mathespaziergang: Sammelt Euromünzen aus anderen Ländern.

Europageschichten

1. Lies dir die Geschichte gut durch.
2. Welche Frage kannst du stellen, bei der man rechnen muss?

Europageschichten

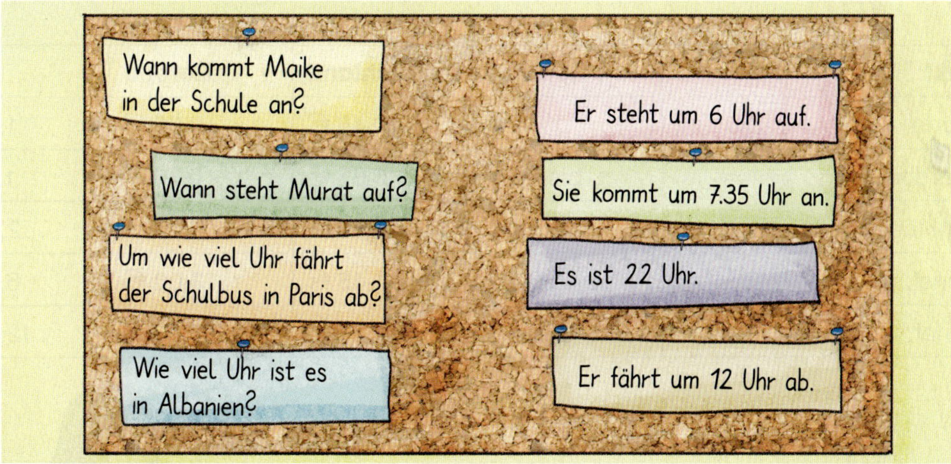

1. Welche Antwort passt zu welcher Frage?

Skizze
Wie kann ich die Aufgabe darstellen?

Rechnung
Was muss ich rechnen?
Kann mein Ergebnis stimmen?

Antwort
Was bedeutet mein Ergebnis?
Passt meine Antwort zur Frage?
Ergibt meine Antwort einen Sinn?

2. Bearbeite die Fragen, die du in Aufgabe 2 auf der Seite 48 gestellt hast.

	+	−	·	:
Daja fährt mit ihren Eltern und ihrem Bruder mit dem Zug. Eine Fahrkarte kostet 4 €.				
Soreye hat 22 Datteln gepflückt und teilt sie mit ihren 4 Freundinnen.				
John hat 22 € gespart. Er kauft sich ein Spiel für 4 €.				
Anton hat 22 € gespart und bekommt von seiner Oma für das Rasenmähen 4 €.				

3. Stelle eine Frage. Was muss man rechnen?

4. Schreibt eigene Europageschichten und bearbeitet sie in der Klasse.

Exkursion: Briefe und Postkarten

Produkt		Gewicht	Deutschland	Europa	Welt
Postkarte		–	0,45 €	0,65 €	1,00 €
Standardbrief		bis 20 g	0,55 €	0,70 €	1,70 €
Kompaktbrief		bis 50 g	0,90 €	1,25 €	2,20 €
Großbrief		bis 500 g	1,45 €	3,00 €	6,00 €
Maxibrief		501–1.000 g	2,20 €	6,00 €	12,00 €

1. Schaut euch die Preisliste an. Was fällt euch auf?
2. Wie viel kostet die Briefmarke für
   a) Fatos' Postkarte?
   b) Boris' Brief?
3. Schreibe eine Postkarte oder einen Brief an einen Freund oder einen Verwandten. Welche Briefmarken brauchst du?

Post

1. Nehmt eure Postkarten und Briefe und macht einen Ausflug zur nächsten Postfiliale.

2. Baut einen Postschalter und macht ein Rollenspiel.

6 Wiegen und Gewichte

10
Schmand
Emmentaler
200g
Margarine
500g
Zucker
1kg

Rezept berechnen und einkaufen

1. Was müssen die drei Kinder jeweils einkaufen?
2. Berechnet alle Zutaten für eure Klasse. Schreibt einen Einkaufszettel.
3. Kauft die Zutaten zusammen ein.

Gewichte schätzen und vergleichen

1. Was ist leichter als 200 g? Was ist schwerer als 200 g?
2. Probiert mit verbundenen Augen aus und überprüft mit der Tafelwaage.

Wiegen mit der Digital- und Küchenwaage

1. Schätzt das Gewicht verschiedener Zutaten.
2. Überprüft das Gewicht mit verschiedenen Waagen.
3. Ordnet die Zutaten nach dem Gewicht.

Gramm

1. Liegen alle Zutaten und Gegenstände auf den richtigen Tischen?
2. Sucht andere Gegenstände, die ungefähr 1 g, 10 g, 50 g, 100 g, 200 g, 250 g und 500 g wiegen.
3. Überprüft das Gewicht mit einer Digitalwaage.
4. Fotografiert die einzelnen Ausstellungstische und hängt die Fotos im Klassenzimmer auf.

Zubereitung eines Kartoffelauflaufs

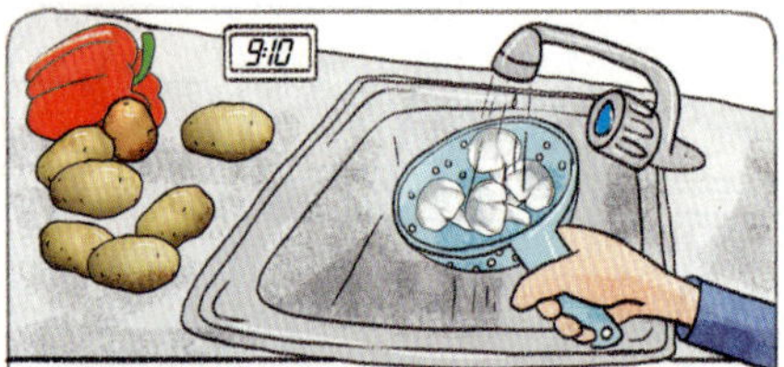

Gemüse abwaschen.

Die Kartoffeln 20–30 min im Salzwasser kochen (je nach Größe).

In der Zwischenzeit Paprika und Zwiebeln würfeln, Champignons in Scheiben schneiden.

Kartoffeln abschrecken, schälen, in Scheiben schneiden und in eine gefettete Auflaufform legen.

Paprika, Zwiebeln und Champignons über den Kartoffeln verteilen.

Die Eier mit Schmand, Pfeffer, Salz und Zucker verrühren.

Den Reibekäse über das Gemüse streuen. Anschließend die Eiermasse darübergeben.

Den Auflauf 30–40 min bei 180 °C backen.

1. Bereitet den Kartoffelauflauf zusammen zu.
2. Um wie viel Uhr ist der Auflauf der navi-Klasse fertig?
3. Wie lange dauert die Zubereitung?
4. Wie viele Gramm wiegt der fertige Kartoffelauflauf?

Supermarkt

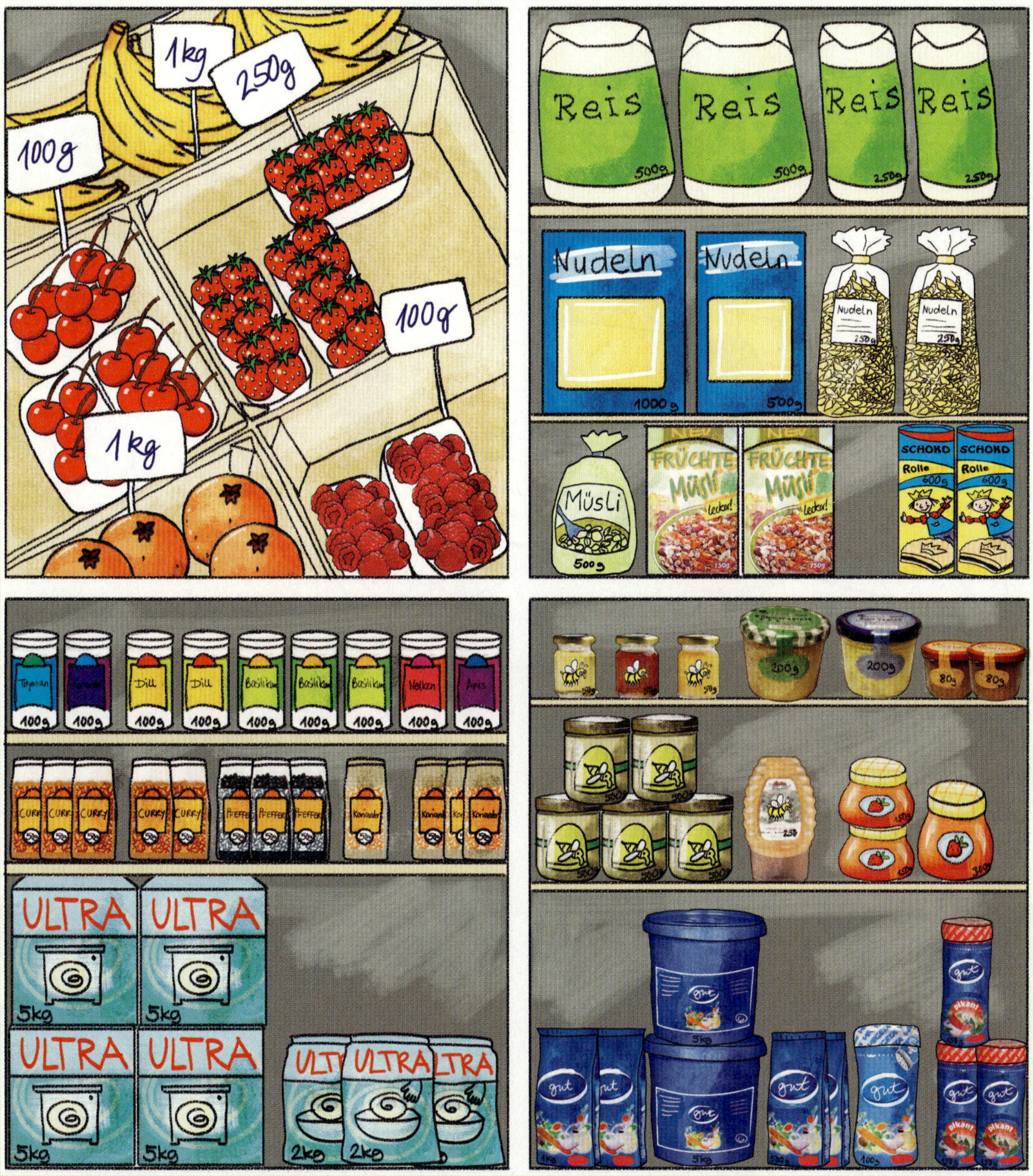

1. Geht in ein Lebensmittelgeschäft und sucht nach Produkten mit einem Gewicht von 100 g.
2. Welche Gewichtsangaben findet ihr noch?
3. Welche Gewichtsangaben findet ihr am häufigsten?

7 Papierflieger

Welcher fliegt am schönsten?

1. Suche mit deinem Partner ein Fliegermodell aus dem Arbeitsheft aus und falte es nach der Anweisung.
2. Macht einige Flugversuche. Vergleicht die Längen der Flüge.

Faltanleitung für den Schnellen Flieger

1.

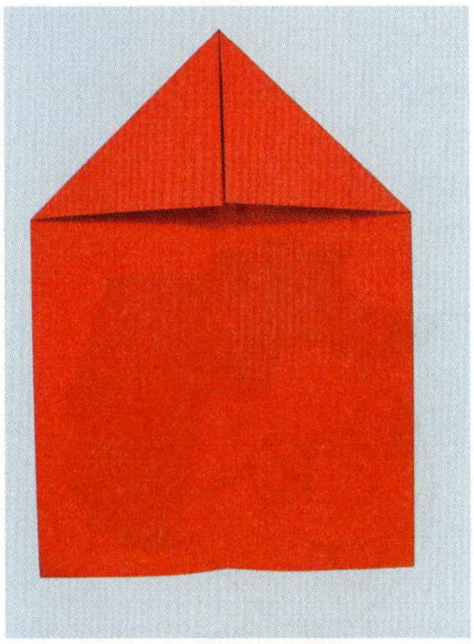

2.

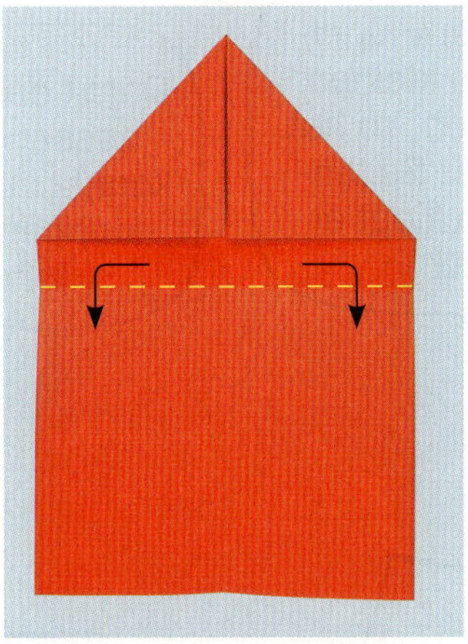

3.

4.

5.

6.

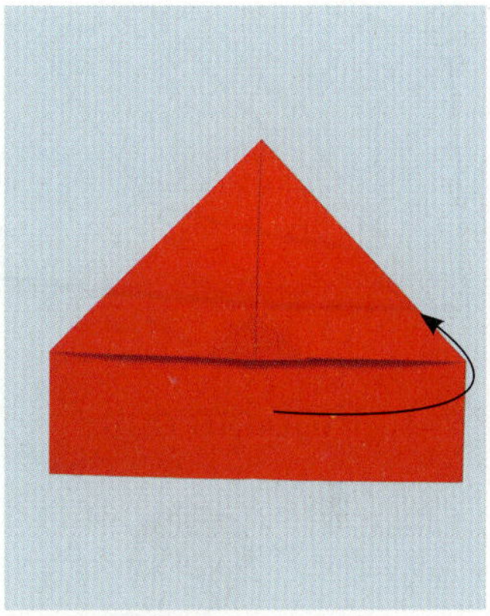

7.

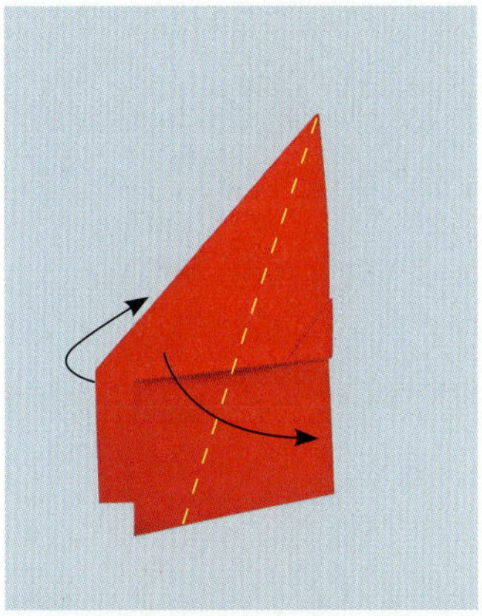

8.

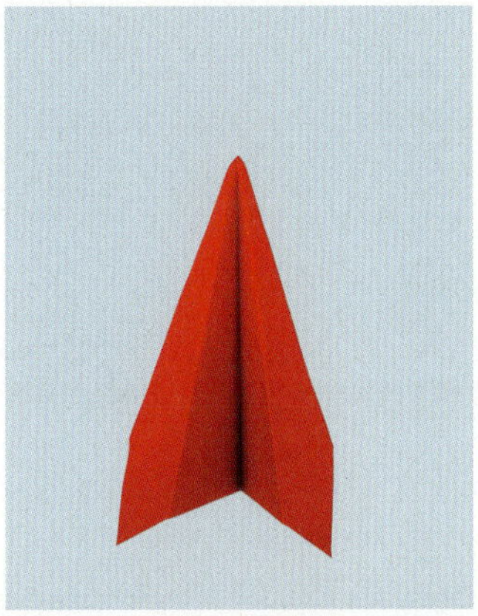

9.

So fliegt er besser

1. Probiere aus.

2. Welche Flugbahn ist die längste, welche die kürzeste?

Welcher fliegt am weitesten?

Laura

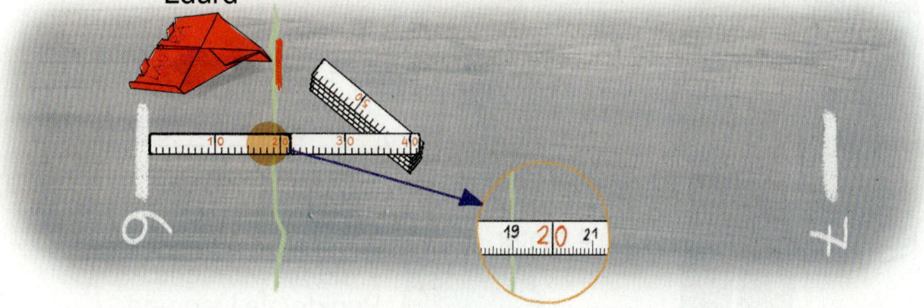

Simon

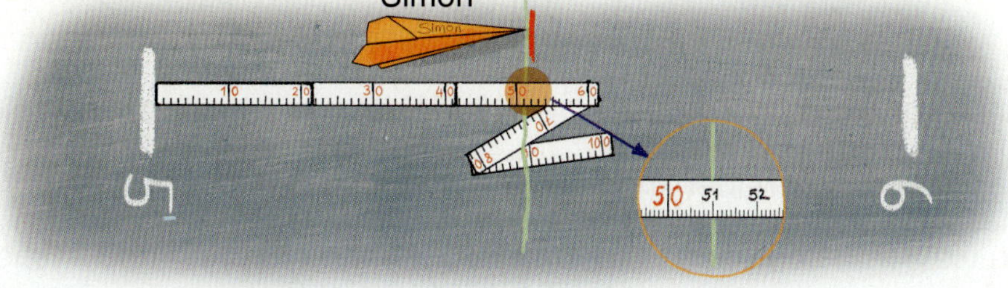

1. Wie viele Meter und Zentimeter ist Lauras Flieger geflogen?
2. Wie viele Meter und Zentimeter ist Simons Flieger geflogen?
3. Welcher Flieger ist weiter geflogen?
4. Wie viele Zentimeter ist Lauras Flieger weiter geflogen als Simons?

Wertung

Punktetabelle

Meter	Punkte
0 - 2,99 m	0
3 - 3,99 m	1
4 - 4,99 m	3
5 - 5,99 m	5
6 - 6,99 m	8
7 - 7,99 m	11
8 - 8,99 m	15
9 - 10 m	19

Wettkampftabelle

Jeder hat 2 Flüge

			zus.
Serkan + Ayshe	1	19	26
	5	1	
Irina + Boris	3	8	
	11	0	
Peter + Lisa	0	8	
	1		
Ulla + Fatos	15		
	2		
Laura + Tom	8		
	3		
Simon + Mehmet	5		
	19		

1. Übertrage die Wettkampftabelle in dein Heft und vervollständige sie.
2. Wie viele Punkte haben Irina und Boris zusammen?
3. Wie viele Punkte haben Peter und Lisa mehr als Serkan und Ayshe?
4. Wie viele Punkte haben Ulla und Fatos zusammen?
5. Wie viele Punkte wollen Laura und Tom erreichen?
6. Wie viele Punkte haben sie dann mehr als Peter und Lisa?
7. Wie viele Punkte müssen Simon und Mehmet mindestens noch erreichen, damit sie gewinnen?

Wettfliegen

1. Veranstaltet ein Wettfliegen mit euren Fliegern im Schulhof.
   Welcher Flieger fliegt
   a) am weitesten, b) am höchsten und c) am schönsten?
2. Führt ein Faltprojekt mit einer anderen Klasse durch.
   Vielleicht könnt ihr beim nächsten Schulfest einen Faltstand machen?

3. Beobachtet die Vögel beim Fliegen.

8 Kurs: Multiplikation

Pudding
Pudding
Pudding
Pudding
Neuseeland KIWIS
9 Tulpen 3€

Malaufgaben zuordnen

5 • 2 2 • 5	8 • 4 4 • 8	7 • 4 4 • 7	3 • 5 5 • 3	3 • 4 4 • 3	4 • 6 6 • 4
3 • 4	3 • 2	3 • 5	3 • 3	5 • 2	

1. Zu welchem Bild gehören die Aufgaben?
2. Warum passt zu manchen Bildern nur eine Malaufgabe?

Malaufgaben finden

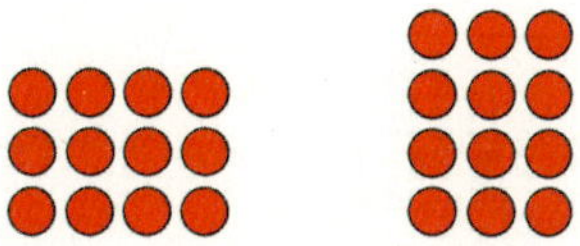

3 • 4 4 • 3

a)

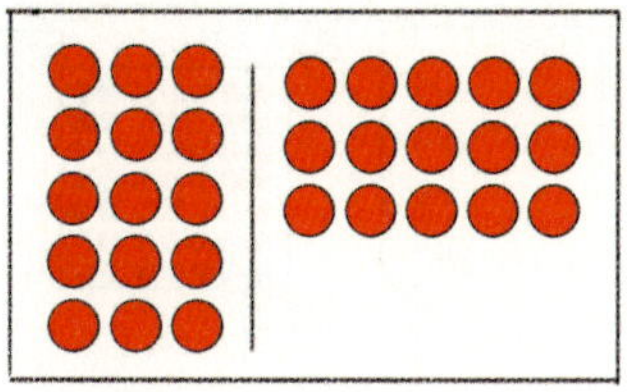

b)

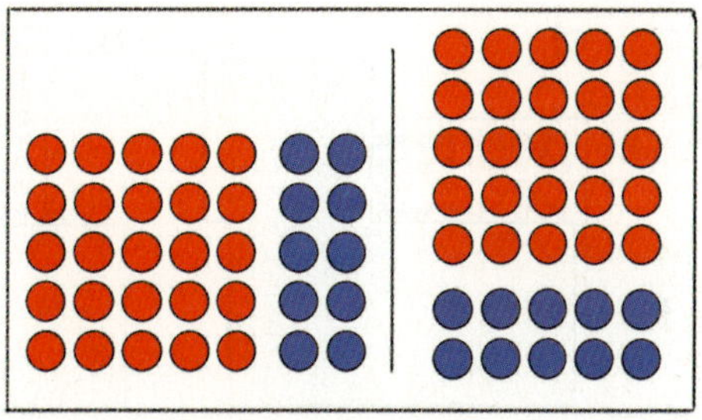

c)

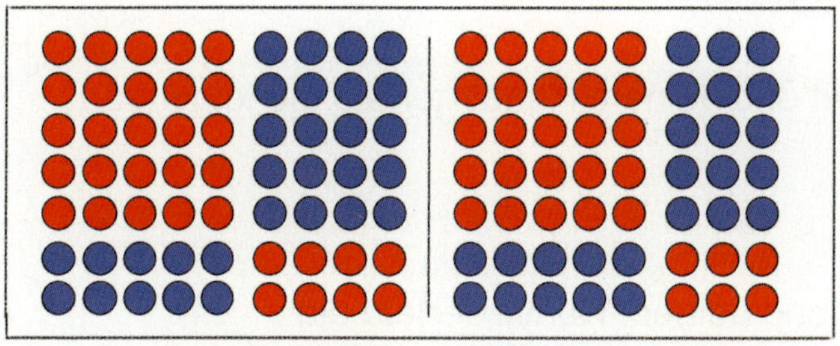

d)

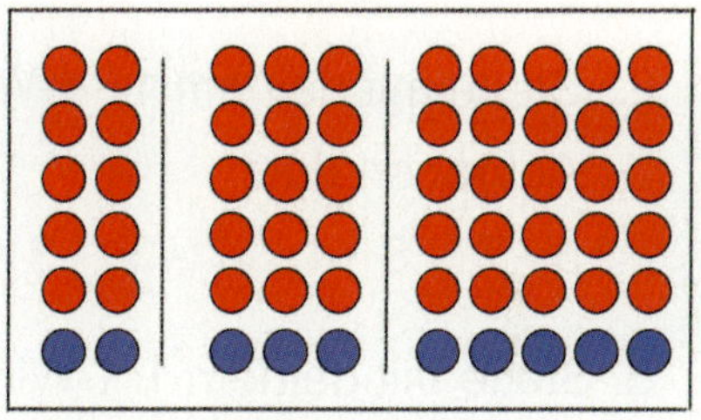

e)

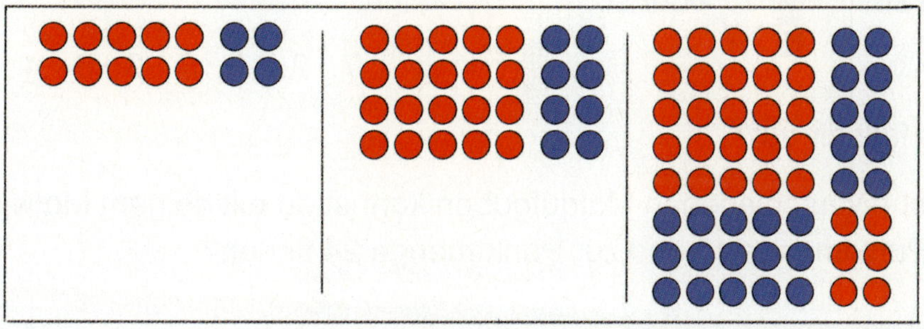

1. Welche Malaufgaben gehören zu diesen Punktfeldern?
2. Vergleiche die Anzahl der Punkte in den einzelnen Kästchen und die Aufgaben dazu. Was fällt dir auf?

Entdeckungen im Hunderterfeld

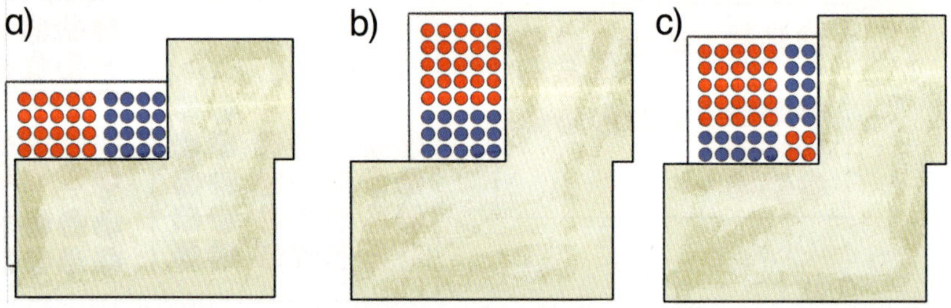

1. Welche Malaufgaben sind dargestellt?

2. Stelle mit deinem 1 • 1-Winkel und deinem Hunderterfeld die folgenden Aufgaben dar:
   5 • 7   8 • 4   7 • 3   3 • 9   5 • 5

3. Stelle mit deinem 1•1-Winkel und deinem Hunderterfeld die folgenden Aufgaben dar und drehe das Feld mit dem 1•1-Winkel dann so:  oder so: 
   7 • 2   9 • 6   3 • 8   4 • 10
   Was fällt dir auf?

4. Welche verschiedenen Malaufgaben kannst du mit deinem Malwinkel zur Punktmenge **18** und zur Punktmenge **24** finden?

5. Stelle mit deinem 1•1-Winkel die folgenden Aufgaben dar:
   1 • 1   2 • 2   3 • 3   4 • 4   5 • 5   6 • 6   7 • 7   8 • 8   9 • 9   10 • 10

Merke

Die Ergebnisse dieser Aufgaben nennt man Quadratzahlen.

Viele Malaufgaben erkennen

1. Stimmen die Aussagen der Schüler?

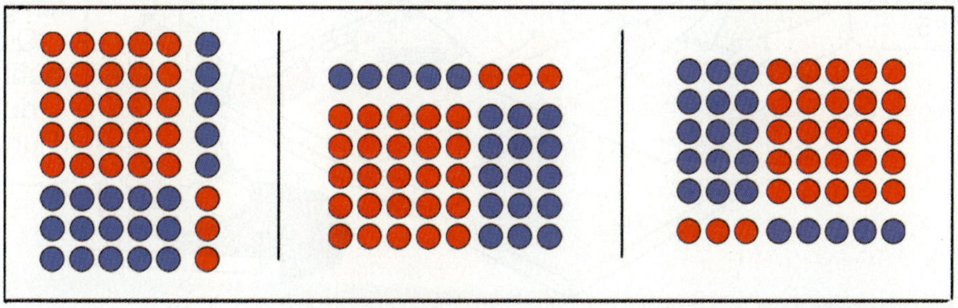

2. Finde möglichst viele Malaufgaben zu den Punktfeldern.
3. Finde zu der Aufgabe **7 · 8** Aufgaben wie Ulla und schreibe sie auf.
4. Schreibe die Aufgaben in dein Heft.

Verdoppeln

1. Welche Aufgaben entstehen, wenn man das Punktfeld 3•4 verdoppelt?

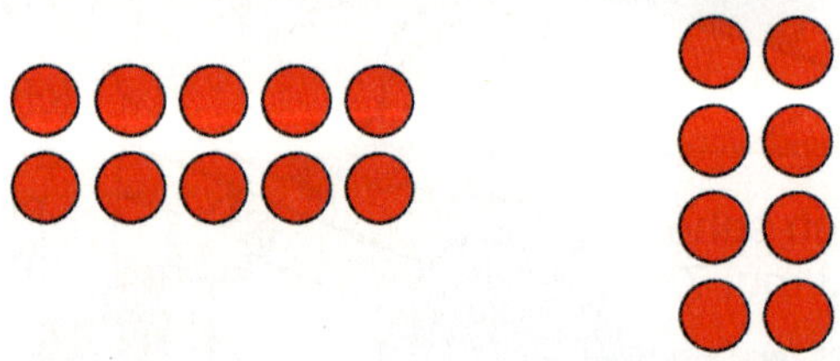

2. Welche Aufgaben entdeckst du beim Spiegeln der Punktfelder? Schreibe sie in dein Heft.

Spiel: Quadrate würfeln

Material: 2 Würfel, Farbstifte und Blätter mit quadratischen Rechenkästchen.

Regel: Gewürfelt wird mit 1 Würfel. Die Augenpunkte ergeben die Seitenlängen des Quadrates. Mit einem Farbstift wird das Quadrat auf dem Rechenblatt eingetragen. Derjenige, der das größte Quadrat erwürfelt, bekommt einen Strich (Punkt).

Schnelle Rechner mit Kernaufgaben

1. Warum waren Boris und Ulla so schnell?
2. Welche Aufgaben findest du leicht? Schreibe sie auf.

3. Warum nennt man 1-mal, 2-mal, 5-mal und 10-mal Kernaufgaben?
4. Warum sind sie leicht zu rechnen? Erkläre.

Meine Kernaufgaben

1. 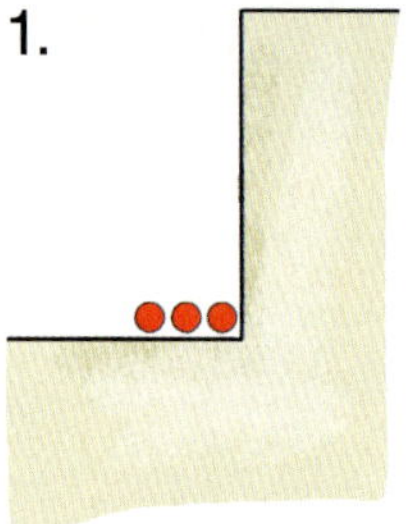

2. 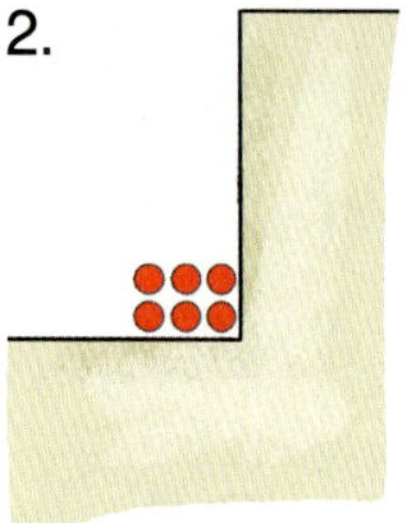

3. 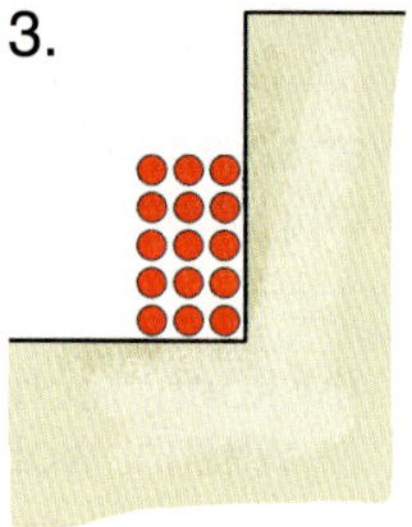

4. 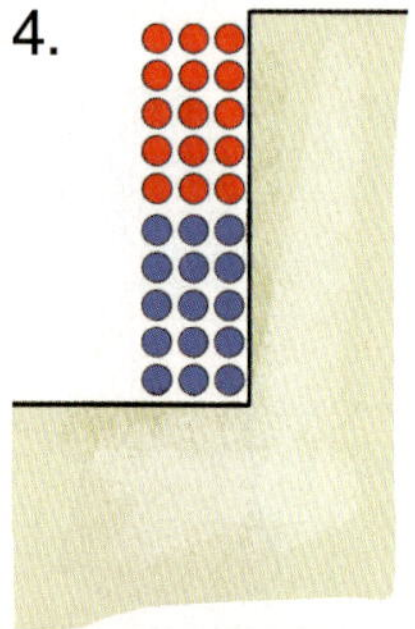

5. 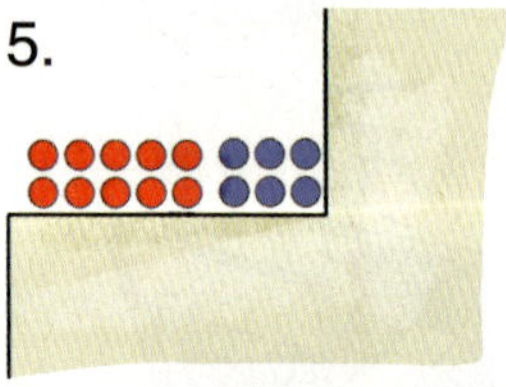

6. 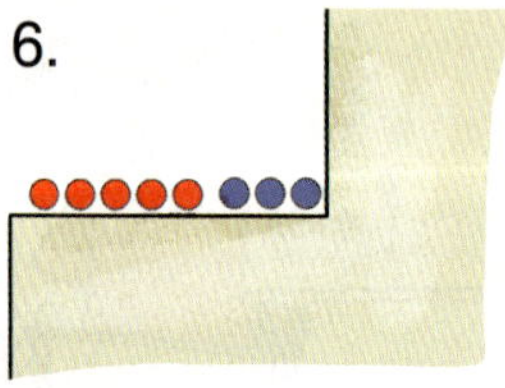

7. 

8. 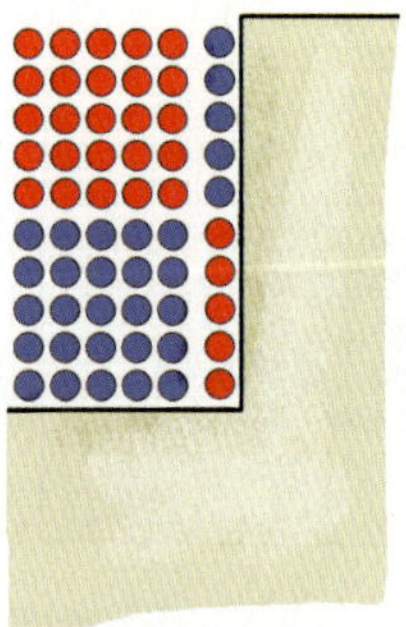

9. 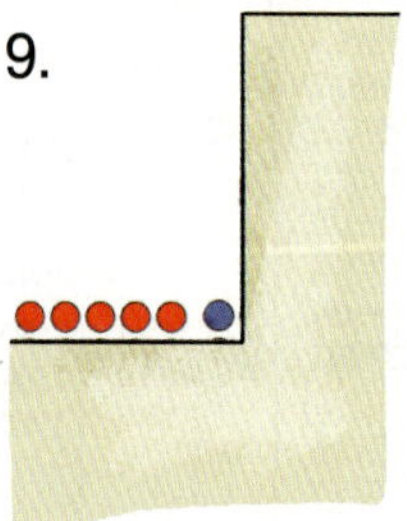

10. 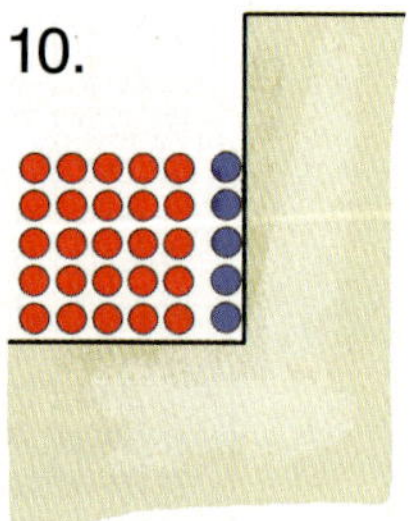

11. 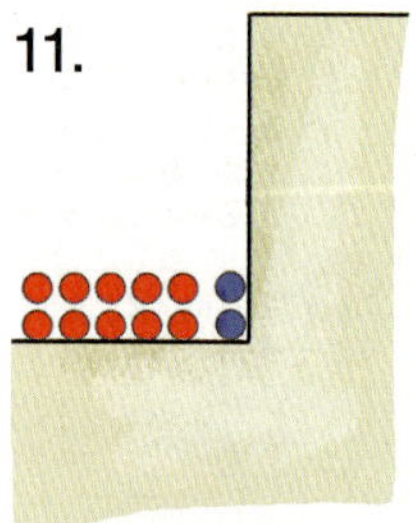

12. 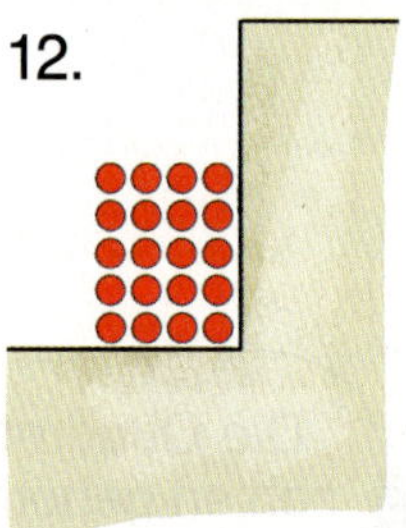

13. 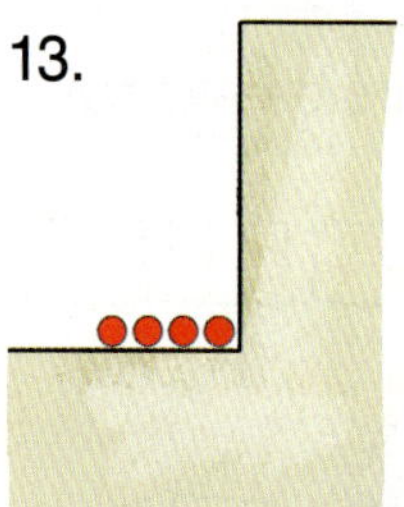

14. 

15. 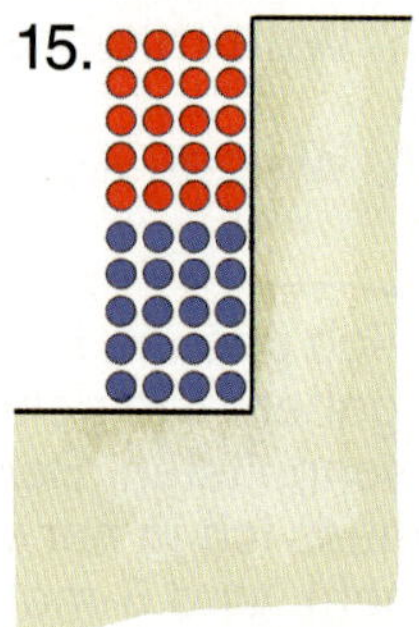

16. 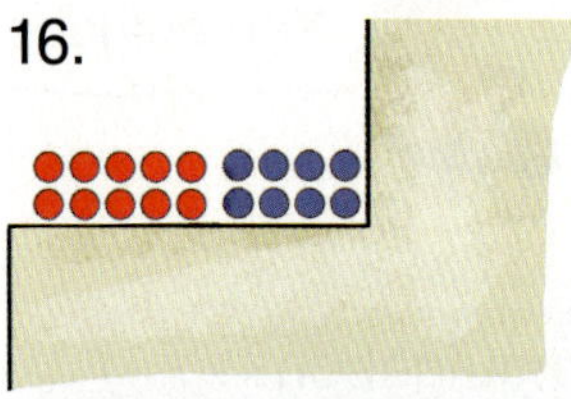

17. 

18. 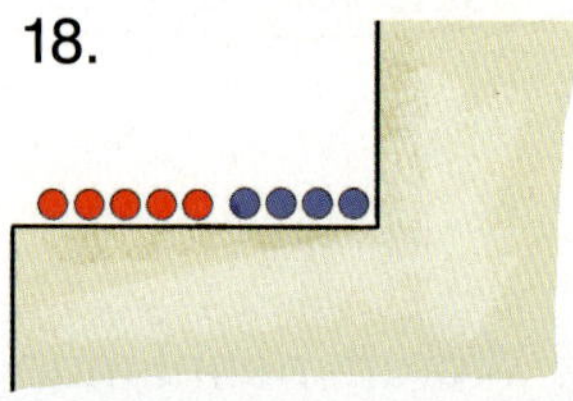

1. Wie heißen diese Kernaufgaben?

Einmaleins-Tabelle

·	0	1	2	3	4	5	6	7	8	9	10
0	0·0	0·1	0·2	0·3	0·4	0·5	0·6	0·7	0·8	0·9	0·10
1	1·0	1·1	1·2	1·3	1·4	1·5	1·6	1·7	1·8	1·9	1·10
2	2·0	2·1	2·2	2·3	2·4	2·5	2·6	2·7	2·8	2·9	2·10
3	3·0	3·1	3·2	3·3	3·4	3·5	3·6	3·7	3·8	3·9	3·10
4	4·0	4·1	4·2	4·3	4·4	4·5	4·6	4·7	4·8	4·9	4·10
5	5·0	5·1	5·2	5·3	5·4	5·5	5·6	5·7	5·8	5·9	5·10
6	6·0	6·1	6·2	6·3	6·4	6·5	6·6	6·7	6·8	6·9	6·10
7	7·0	7·1	7·2	7·3	7·4	7·5	7·6	7·7	7·8	7·9	7·10
8	8·0	8·1	8·2	8·3	8·4	8·5	8·6	8·7	8·8	8·9	8·10
9	9·0	9·1	9·2	9·3	9·4	9·5	9·6	9·7	9·8	9·9	9·10
10	10·0	10·1	10·2	10·3	10·4	10·5	10·6	10·7	10·8	10·9	10·10

1. Welche Aufgaben findest du leicht? Warum?
2. Welche Aufgaben findest du schwierig? Warum?
3. Setze die Aufgaben in den weißen Feldern aus Kernaufgaben zusammen. Schreibe sie in dein Heft und rechne so:

   3 • 4 = 2 • 4 + 1 • 4 = 8 + 4 = 12

Schneller rechnen durch Verdoppeln und Vertauschen

1. Welchen Rechentrick benutzen die Kinder?
2. Warum ist 5 • 3 verwandt mit 3 • 5? Warum ist 7 • 8 verwandt mit 8 • 7? Warum ist 5 • 8 verwandt mit 5 • 4? Warum ist 5 • 3 verwandt mit 5 • 6? Warum ist 2 • 3 verwandt mit 4 • 3? Warum ist 6 • 5 verwandt mit 3 • 5? Warum ist 10 • 7 verwandt mit 5 • 7? Erkläre.

Schnell rechnen mit Zerlegen und Nachbaraufgaben

1. Schreibe möglichst viele verwandte Aufgaben zu den Aufgaben **5 · 5**, **10 · 6** und **5 · 9** in dein Rechenheft.
2. Welche Kernaufgaben können dir bei der Aufgabe **4 · 7** helfen? Schreibe sie in dein Heft.
3. Welche Kernaufgaben können dir bei der Aufgabe **7 · 9** helfen? Schreibe sie in dein Heft.

9 Geteiltes Land

18 Stück
18 Stk.
19 Stück
14 Stück
40
39
40
39
19 Stück
18 Stk.
39
14 Stück
19 Stück
18 Stück
18 Stk.
2 · 8 = 16
16:

Rechenkonferenz

1. Verteile 10 Kugeln an 2 Kinder. Schreibe dazu eine Mal- und eine Geteiltaufgabe.
2. Verteile 9 Kugeln an 4 Kinder. Was bleibt übrig? Schreibe die Geteiltaufgabe.
3. Erkläre die Sprechblasen und finde Beispiele.
4. Was ist das Besondere am Dividieren? Erstellt ein Plakat und hängt es auf.
5. Schreibe andere 4er-Päckchen wie an der Tafel in dein Heft.
6. Spielt zu zweit oder zu dritt das Spiel „Geteiltes Land“. Malt und schreibt die Aufgaben ins Arbeitsheft. Die Spielanleitung steht auf der Rückseite des Spielplans.

Spiel: Geteiltes Land

A

Verteile dein Essen: Teile 4 Bonbons gerecht mit deinen Mitspielern. Der Rest kommt auf den Vulkan.

Gehe auf Feld **5**

B

Verteile dein Essen: Teile 3 Bonbons gerecht mit deinen Mitspielern. Der Rest kommt auf den Vulkan.

Gehe auf Feld **3**

C

Verteile dein Essen: Teile 7 Bonbons gerecht mit deinen Mitspielern. Der Rest kommt auf den Vulkan.

Gehe auf Feld **13**

0

Schreibe die Geteiltaufgaben, die zu der Malaufgabe $2 \cdot 8 = 16$ passen.

Geschafft: Gehe auf Feld **39**

Nicht geschafft: Gehe auf Feld **39**

1

18 Eier sollen in Kartons gepackt werden. In jeden Karton passen 6 Eier. Wie viele Kartons brauchst du? Probiere aus oder male ein Bild. Schreibe die Geteiltaufgabe.

Geschafft: Gehe auf Feld **30**

Nicht geschafft: Gehe auf Feld **7**

2

Würfle mit einem Würfel! Welche Zahl hast du?

1 oder 2: Verteile 22 Kerzen auf 1 Kuchen. Male ein Bild. Schreibe die Geteiltaufgabe.

3 oder 4: Verteile 24 Kerzen auf 1 Kuchen. Male ein Bild. Schreibe die Geteiltaufgabe.

5 oder 6: Verteile 21 Kerzen auf 1 Kuchen. Male ein Bild. Schreibe die Geteiltaufgabe.

Geschafft: Gehe auf Feld **6**

Nicht geschafft: Gehe auf Feld **22**

3

Verteile 18 Perlen in Schälchen. In jedes Schälchen kommen 3 Perlen. Wie viele Schälchen brauchst du?

Geschafft: Gehe auf Feld **17**
Nicht geschafft: Gehe auf Feld **37**

4

12 Eier sollen in Kartons gepackt werden. In jeden Karton passen 6 Eier. Wie viele Kartons brauchst du? Wie viele Eier bleiben übrig? Probiere aus oder male ein Bild und schreibe die Geteiltaufgabe.

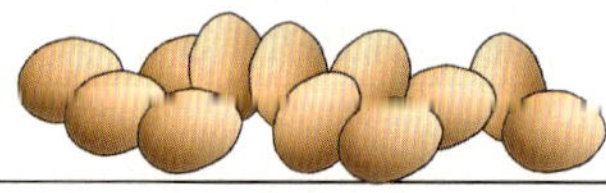

Geschafft: Gehe auf Feld **9**
Nicht geschafft: Gehe auf Feld **2**

5

Verteile 18 Perlen in Schälchen. In jedes Schälchen kommen 6 Perlen. Wie viele Schälchen brauchst du?

Geschafft: Gehe auf Feld **36**
Nicht geschafft: Gehe auf Feld **16**

6

Würfle mit einem Würfel! Welche Zahl hast du?
1 oder 2: Verteile 14 Karten an 5 Spieler. Bleibt ein Rest? Schreibe eine Divisionsaufgabe.
3 oder 4: Verteile 14 Karten an 6 Spieler. Bleibt ein Rest? Schreibe eine Divisionsaufgabe.
5 oder 6: Verteile 14 Karten an 4 Spieler. Bleibt ein Rest? Schreibe eine Divisionsaufgabe.

Geschafft: Gehe auf Feld **39**
Nicht geschafft: Gehe auf Feld **39**

7

Würfle mit einem Würfel! Welche Zahl hast du?
1 oder 2: 12 Rosinen werden auf 1 Teller verteilt. Male ein Bild und schreibe die Geteiltaufgabe.
3 oder 4: 11 Rosinen werden auf 1 Teller verteilt. Male ein Bild und schreibe die Geteiltaufgabe.
5 oder 6: 13 Rosinen werden auf 1 Teller verteilt. Male ein Bild und schreibe die Geteiltaufgabe.

Geschafft: Gehe auf Feld 27
Nicht geschafft: Gehe auf Feld 33

8

20 Bonbons werden an 4 Kinder verteilt. Wie viele bekommt jedes Kind?
Male ein Bild und schreibe die Divisionsaufgabe.

Geschafft: Gehe auf Feld **38**
Nicht geschafft: Gehe auf Feld **15**

9

Verteile 12 Karten an 4 Spieler. Schreibe die Rechnung.
Verteile dann 12 Karten an 3 Spieler. Schreibe die Rechnung.
Erkläre deinen Mitschülern den Unterschied zwischen beiden Aufgaben.

Geschafft: Gehe auf Feld **22**
Nicht geschafft: Gehe auf Feld **6**

10

Verteile 12 Karten an 6 Spieler. Wie viele Karten bekommt jeder?
Schreibe die Geteiltaufgabe.

Geschafft: Gehe auf Feld **35**
Nicht geschafft: Gehe auf Feld **28**

11

Verteile 19 Muggelsteine in 2 Schälchen.
Schreibe die Divisionsaufgabe.

Geschafft: Gehe auf Feld **33**
Nicht geschafft: Gehe auf Feld **27**

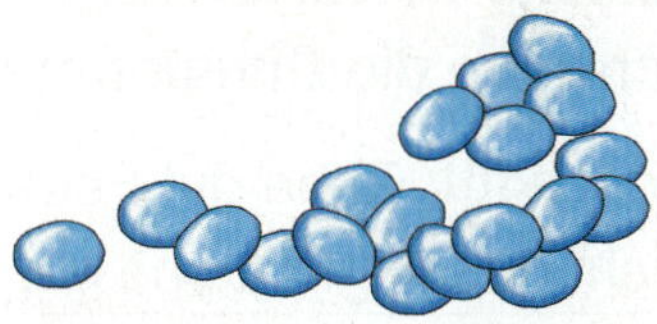

12

2 Wichtel streiten sich. Sie haben 5 Äpfel.
Wie können sie die Äpfel gerecht teilen?
Probiere aus oder male ein Bild.

Geschafft: Gehe auf Feld **14**
Nicht geschafft: Gehe auf Feld **18**

13

Verteile 18 Perlen in Schälchen. In jedes Schälchen kommen 2 Perlen.
Wie viele Schälchen brauchst du?

Geschafft: Gehe auf Feld **10**
Nicht geschafft: Gehe auf Feld **12**

14

18 Muggelsteine werden an 3 Kinder verteilt. Male ein Bild und schreibe die Geteiltaufgabe.

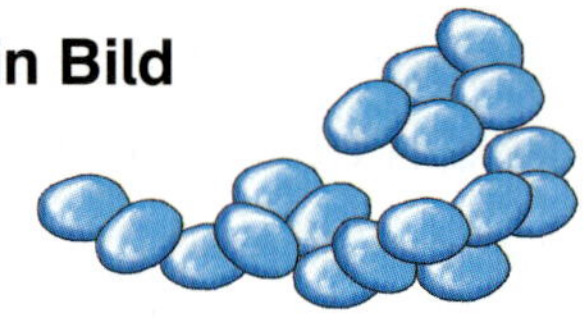

Geschafft: Gehe auf Feld **31**
Nicht geschafft: Gehe auf Feld **19**

15

Schreibe zu diesem Punktbild eine Malaufgabe und eine Geteiltaufgabe.

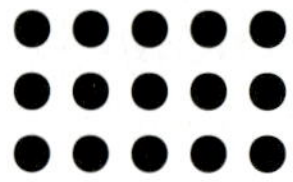

Geschafft: Gehe auf Feld **6**
Nicht geschafft: Gehe auf Feld **22**

16

Teile einen Apfel in 4 Stücke. Jeder bekommt 2 Stück. Wie viele Personen bekommen von dem Apfel zu essen? Schreibe die Geteiltaufgabe.

Geschafft: Gehe auf Feld **25**
Nicht geschafft: Gehe auf Feld **1**

17

Verteile 12 Karten an 2 Personen. Wie viele Karten bekommt jeder? Schreibe die Divisionsaufgabe.

Geschafft: Gehe auf Feld 20
Nicht geschafft: Gehe auf Feld 8

18

Kann man 7 Bonbons gerecht an 3 Kinder verteilen? Male ein Bild und schreibe die Geteiltaufgabe.

Geschafft: Gehe auf Feld **19**
Nicht geschafft: Gehe auf Feld **24**

19

6 Eier sollen in Kartons gepackt werden. In jeden Karton passen 6 Eier. Wie viele Kartons brauchst du? Probiere aus oder male ein Bild. Schreibe die Geteiltaufgabe.

Geschafft: Gehe auf Feld **26**
Nicht geschafft: Gehe auf Feld **0**

20

Der Zwerg Zwirn hat ein Rätsel für dich: Ich habe 30 Knöpfe. An jedes Hemd nähe ich 10 Knöpfe. Wie viele Hemden nähe ich? Lege oder male ein Bild. Schreibe die Geteiltaufgabe.

Geschafft: Gehe auf Feld **2**

Nicht geschafft: Gehe auf Feld **38**

21

Kannst du die Höhlenmalerei lesen? Schreibe eine Geteiltaufgabe.

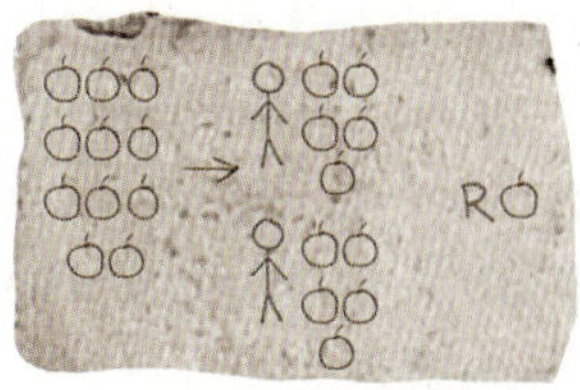

Geschafft: Gehe auf Feld **26**

Nicht geschafft: Gehe auf Feld **0**

22

Würfle mit einem Würfel! Welche Zahl hast du?

1 oder 2: Schreibe mit den Zahlen 4, 3 und 12 zwei Mal- und zwei Geteiltaufgaben.

3 oder 4: Schreibe mit den Zahlen 5, 4 und 20 zwei Mal- und zwei Geteiltaufgaben.

5 oder 6: Schreibe mit den Zahlen 2, 4 und 8 zwei Mal- und zwei Geteiltaufgaben.

Geschafft: Gehe auf Feld **39** Nicht geschafft: Gehe auf Feld **39**

23

11 Bonbons werden an 3 Kinder verteilt. Wie viele Bonbons bleiben übrig? Male ein Bild und schreibe die Divisionsaufgabe.

Geschafft: Gehe auf Feld **15**

Nicht geschafft: Gehe auf Feld **9**

24

Würfle mit einem Würfel! Welche Zahl hast du?

1 oder 2: 13 Kekse werden auf 1 Teller verteilt. Male ein Bild und schreibe die Geteiltaufgabe.

3 oder 4: 14 Kekse werden auf 1 Teller verteilt. Male ein Bild und schreibe die Geteiltaufgabe.

5 oder 6: 15 Kekse werden auf 1 Teller verteilt. Male ein Bild und schreibe die Geteiltaufgabe.

Geschafft: Gehe auf Feld **0** Nicht geschafft: Gehe auf Feld **26**

25

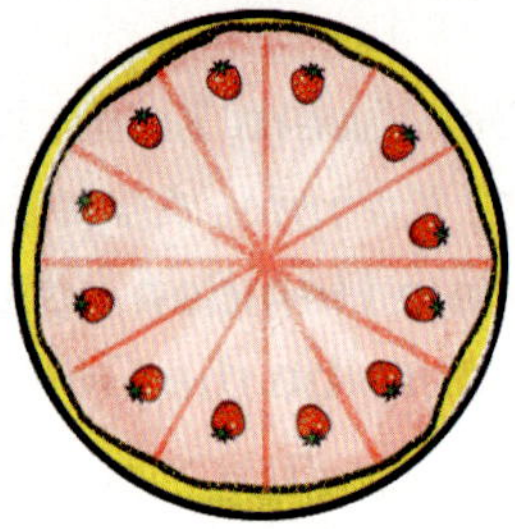

Jeder darf 2 Stück von dem Kuchen essen.
Wie viele Personen können von dem Kuchen essen?
Male und schreibe die Geteiltaufgabe.

Geschafft: Gehe auf Feld **32**
Nicht geschafft: Gehe auf Feld **30**

26

Würfle mit einem Würfel! Welche Zahl hast du?
1 oder 2: Welche Geteiltaufgaben passen zu der Malaufgabe $3 \cdot 5 = 15$?
3 oder 4: Welche Geteiltaufgaben passen zu der Malaufgabe $4 \cdot 3 = 12$?
5 oder 6: Welche Geteiltaufgaben passen zu der Malaufgabe $7 \cdot 2 = 14$?

Geschafft: Gehe auf Feld **39**
Nicht geschafft: Gehe auf Feld **39**

27

Würfle mit einem Würfel! Welche Zahl hast du?
1 oder 2: Verteile 11 Karten an 5 Spieler. Bleibt ein Rest?
Schreibe eine Divisionsaufgabe.
3 oder 4: Verteile 13 Karten an 5 Spieler. Bleibt ein Rest?
Schreibe eine Divisionsaufgabe.
5 oder 6: Verteile 12 Karten an 5 Spieler. Bleibt ein Rest?
Schreibe eine Divisionsaufgabe.

Geschafft: Gehe auf Feld 39
Nicht geschafft: Gehe auf Feld 39

28

10 Muscheln werden an 2 Kinder verteilt. Wie viele Muscheln bekommt jeder? Male ein Bild und schreibe die Geteiltaufgabe.

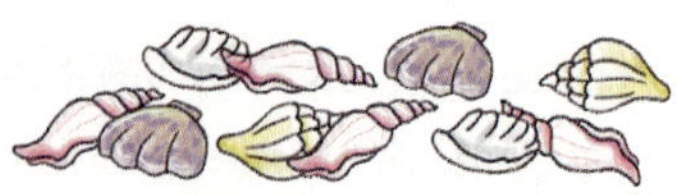

Geschafft: Gehe auf Feld **21**
Nicht geschafft: Gehe auf Feld **31**

29

In der Höhle Abusan siehst du eine Höhlenmalerei. Erkläre das Bild und schreibe die Geteiltaufgabe.

Geschafft: Gehe auf Feld **11**
Nicht geschafft: Gehe auf Feld **32**

30

Verteile 10 Muscheln an 3 Kinder. Was bleibt übrig?
Schreibe die Geteiltaufgabe.

Geschafft: Gehe auf Feld **33**
Nicht geschafft: Gehe auf Feld **27**

31

Erkläre die Höhlenmalerei.
Schreibe eine Geteiltaufgabe.

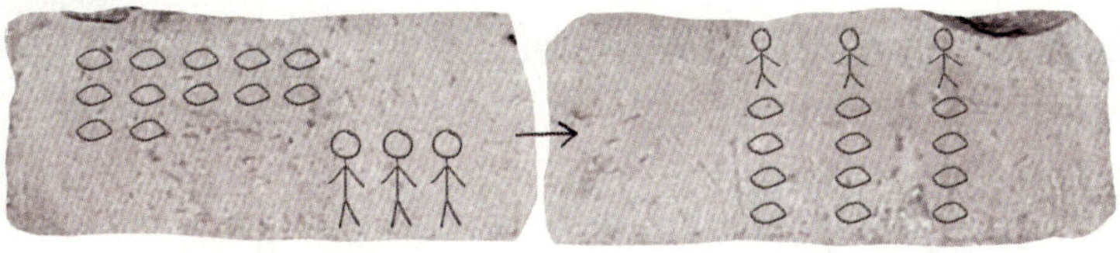

Geschafft: Gehe auf das Feld **0**
Nicht geschafft: Gehe auf Feld **26**

32

Würfle mit 2 Würfeln. Schreibe zu den zwei Zahlen eine Malaufgabe und rechne sie aus. Welche Geteiltaufgabe kannst du jetzt aus diesen drei Zahlen bilden?

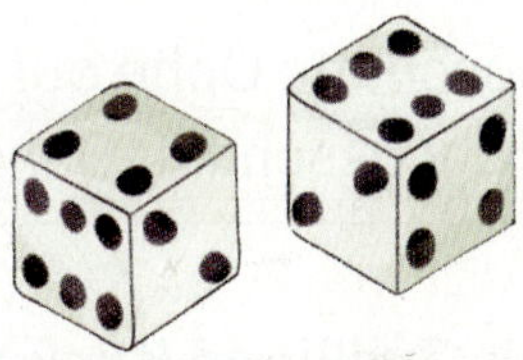

Geschafft: Gehe auf Feld **27**
Nicht geschafft: Gehe auf Feld **33**

33

Würfle mit einem Würfel! Welche Zahl hast du?
1 oder 2: 24 Blumen werden in 5 Vasen verteilt. Male und schreibe die Aufgabe. Bleibt ein Rest? Erkläre.
3 oder 4: 16 Blumen werden in 6 Vasen verteilt. Male und schreibe die Aufgabe. Bleibt ein Rest?
5 oder 6: 19 Blumen werden in 8 Vasen verteilt. Male und schreibe die Aufgabe. Bleibt ein Rest? Erkläre.

Geschafft: Gehe auf Feld **39**
Nicht geschafft: Gehe auf Feld **39**

34

In der Wüste Drosa wächst eine Pflanze mit 9 Blättern. Diese Blätter machen satt. Verteile die 9 Blätter an drei hungrige Kinder. Wie viele Blätter bekommt jeder? Male ein Bild und schreibe die Geteiltaufgabe.

Geschafft: Gehe auf Feld **7**
Nicht geschafft: Gehe auf Feld **11**

35

Der Gnom Mork braucht Hilfe. Wie viele Würste kommen auf jeden Teller? Schreibe die Geteiltaufgabe.

Geschafft: Gehe auf Feld **24**
Nicht geschafft: Gehe auf Feld **21**

36

Verteile 12 Karten an 3 Personen. Wie viele Karten bekommt jeder? Schreibe die Geteiltaufgabe.

Geschafft: Gehe auf Feld **34**
Nicht geschafft: Gehe auf Feld **29**

37

Die Zwillinge Klick und Klack stellen dir ein Rätsel: Wir haben 24 Brötchen. Jeden Tag werden 4 Brötchen gegessen. Wie viele Tage haben wir zu essen? Lege mit Materialien oder male ein Bild. Schreibe die Geteiltaufgabe.

Geschafft: Gehe auf Feld **23**
Nicht geschafft: Gehe auf Feld **4**

38

Schreibe zu dem Bild die Geteiltaufgabe.

Geschafft: Gehe auf Feld **22**
Nicht geschafft: Gehe auf Feld **6**

39

Ihr seid alle am Eingang zum Nebelberg. Stellt alle eure Figuren dorthin. Die nächste Aufgabe löst ihr alle gemeinsam! Ein Riese bewacht das Gefängnis. Er hat Hunger! Gebt ihm die Bonbons, die auf dem Vulkan liegen!

Nachdem der Riese satt ist, sagt er:
„Wer diesen Weg verschlossen find', der muss rechnen, sehr geschwind. Zwei Minuten Zeit, zu lösen das Geteilt! Seid ihr mehr? So kommet her und helft. Mit Material oder ohne. 12 Aufgaben lösen – bis ich euch lobe!"

Ihr braucht eine Stoppuhr und das Arbeitsheft. Ihr habt zwei Minuten Zeit, um die Aufgaben zu lösen. Los geht's!

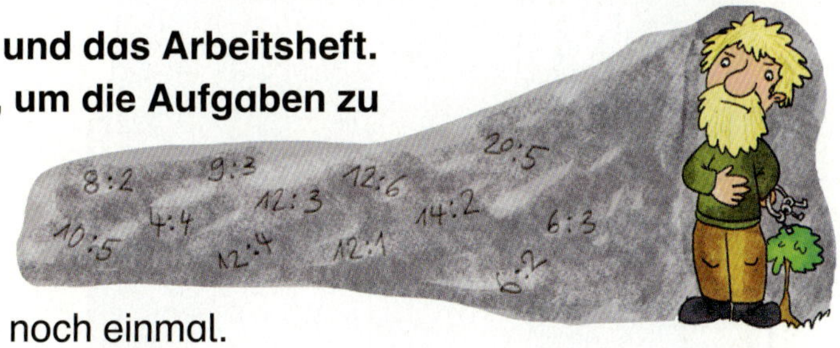

Geschafft:
Geht alle auf das Feld **40**
Nicht geschafft: Versucht es noch einmal.
Tipp: Teilt die Aufgaben unter euch auf!

40

Der Zauberer Merlin bedankt sich bei euch für seine Befreiung. Aber noch ist das Geteilte Land nicht von seinem bösen Fluch erlöst. Jetzt kommt die schwerste von allen Aufgaben: Teilt eine Flasche Saft gerecht unter allen Mitspielern auf!

Geschafft: Der Boden beginnt zu beben und eine Staubwolke wird aufgewirbelt. Als sich der Staub wieder gelegt hat, seht ihr, dass der Riss durch das Geteilte Land verschwunden ist. Durch all die Abenteuer, die ihr bestanden habt, habt ihr das Königreich befreit!
Nicht geschafft: Holt euch Hilfe und versucht es noch einmal!

10 Was wir brauchen

MILCH
In Deutschland verbraucht ein Erwachsener in seinem Leben durchschnittlich 5.000 l Milch.
In Deutschland isst ein Erwachsener in seinem Leben durchschnittlich 6.800 kg Fleisch und Wurst.
Butter
In Deutschland isst ein Erwachsener in seinem Leben durchschnittlich 500 kg Butter.
JOGHURT
In Deutschland isst ein Erwachsener in seinem Leben durchschnittlich 1.400 kg Joghurt.
In Deutschland isst ein Erwachsener in seinem Leben durchschnittlich 5.000 Brotlaibe.

Äpfel

Lisa isst in einer Woche ungefähr 2 Äpfel.

1. Wie viele Äpfel isst sie dann in einem Monat?
2. Wie viele Äpfel isst sie dann in einem Jahr?
3. Wie viele Äpfel isst sie dann in 10 Jahren?

Rechengeschichten zum Apfel

In Klasse 4 der navi-Schule essen von 12 Kindern 8 täglich einen Apfel in der Schule. Die Lehrerin bringt eine Kiste mit 50 Äpfeln mit. Wie lange reichen die Äpfel?

Um eine Portion Apfelmus zu kochen, braucht man 3 Äpfel.
Serkan, Mehmet und Fatos sind bei Peter zum Essen eingeladen, es gibt Kartoffelpuffer mit Apfelmus.

4. Bearbeite die Rechengeschichten, wie du es in Kapitel 5 auf der Seite 49 gelernt hast.
5. Wie viele Äpfel hast du bisher etwa in deinem Leben gegessen? Schätze erst und rechne dann aus.

Möhren

Ulla nimmt jeden Tag eine Möhre mit in die Schule.
Von den 12 Monaten eines Kalenderjahres sind etwa 4 Monate Ferienzeit.
In den Ferien isst Ulla keine Möhren.

Im Kochbuch steht unter Möhrengemüse: 500 g Möhren
für 4 Personen.
Die Klasse 4 der navi-Schule möchte Fleischbällchen
mit Möhrengemüse kochen.

An einem Saftstand werden aus 1 kg Möhren ½ Liter
Möhrensaft gepresst.

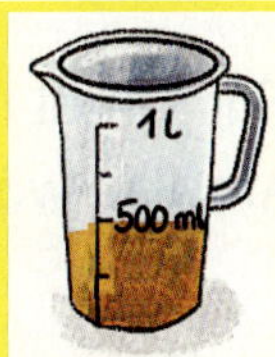

1. Bearbeite die Rechengeschichten.
2. Wie viele Möhren hast du bisher etwa in deinem Leben gegessen?
   Schätze zuerst und rechne dann aus.

Unser Wasserverbrauch

Durchschnittlicher Wasserverbrauch eines Erwachsenen an **einem Tag**:

Trinken und kochen	Bad und Dusche	Putzen	Toiletten-spülung	Geschirr spülen	Wäsche waschen

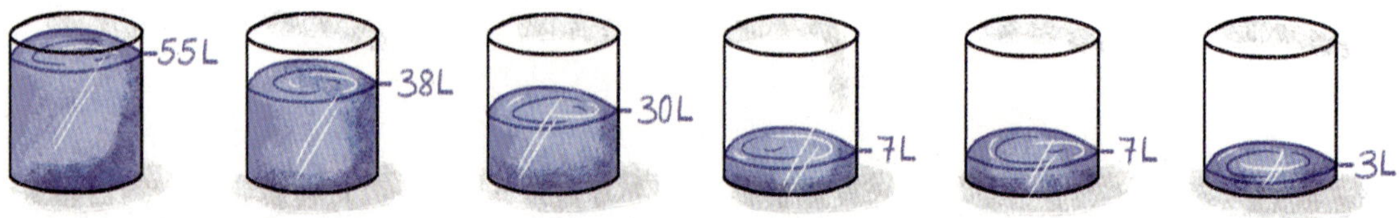

a) b) c) d) e) f)

1. Welche Wassertonne könnte zu den darüberstehenden Tätigkeiten gehören?
2. Wie viele Liter Wasser verbraucht ungefähr ein Erwachsener insgesamt an einem Tag?

Bei einer Toilettenspülung werden etwa 8 Liter Wasser verbraucht.
Du gehst etwa 5-mal am Tag auf die Toilette.

Für ein Bad in der Badewanne verbrauchst du etwa 200 Liter Wasser.
Beim Duschen verbrauchst du etwa 50 Liter Wasser.

Für 1-mal Hände waschen verbrauchst du etwa 3 Liter Wasser.
Am Tag wäschst du dir etwa 8-mal deine Hände.

Für 1-mal Zähne putzen verbrauchst du etwa 0,5 Liter Wasser.
Du putzt dir deine Zähne 3-mal am Tag.

3. Schreibe Rechengeschichten.

Lösungstipp zu 1.: ehcsuD dnu daB-a/gnulüpsnettelioT-b/nehcsaw ehcsäW-c/neztup-d/nelüps rrihcseG-e/nehcoK dnu neknirT-f

Brot

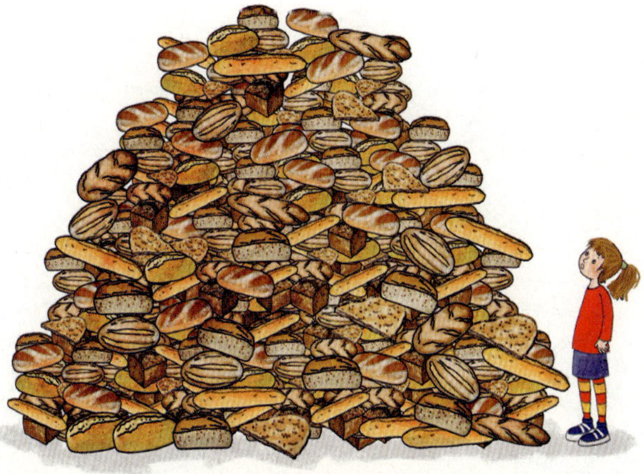

Irinas Frühstück

Irinas Schulbrot

Irinas Abendbrot

1. Finde Rechengeschichten zu dem Bild.

Aus einem Vollkornbrot kann man 25 Brotscheiben schneiden.

a) Irina isst täglich 3 Scheiben.

b) Für das gemeinsame Frühstück mit Klasse 3 sollen Ayshe und Fatos Brot einkaufen. Jeder der 22 Schüler soll 2 Scheiben bekommen. Die beiden Lehrerinnen wollen jeweils nur 1 Scheibe essen. Ayshe und Fatos kaufen 2 Vollkornbrote.

1 Brotlaib = 25 Scheiben

Ein Toastbrot hat 20 Scheiben. Lisa und Laura essen jeden Morgen 2 Toastscheiben mit Marmelade zum Frühstück.

2. Bearbeite die Rechengeschichten.

3. Wie viele Brotscheiben isst du ungefähr an einem Tag?

Es geht nicht nur um die Wurst

2–4 Mitspieler, 1 Würfel, 2–3 Spielfiguren, Wissenskarten

Spielregel: Der Stapel mit den Wissenskarten liegt mit der Frageseite nach oben verdeckt neben dem Spielfeld. Es wird reihum gewürfelt und mit der eigenen Spielfigur vorgerückt. Kommt man auf ein farbiges Feld ohne Ziffer, muss man eine Wissenskarte beantworten. Ist die Antwort richtig, darf man nochmals würfeln, ist die Antwort falsch, muss man 3 Felder zurücksetzen.
Gewonnen hat der Spieler, der zuerst mit passenden Würfelpunkten seine Figur auf das Feld 40 setzt.
Die Wissenskarten findest du bei den Beilagen.

Forscheraufgabe

Erkundige dich:

1. Wie viele Kilogramm Nudeln werden bei euch in einer Woche ungefähr verbraucht?

2. Wie viele Kilogramm Fleisch werden bei euch in einer Woche ungefähr verbraucht?

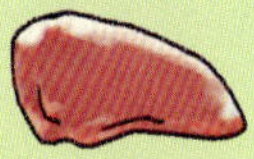

3. Wie viele Salatköpfe werden bei euch in einer Woche ungefähr verbraucht?

4. Wie viele Päckchen Butter werden bei euch in einer Woche ungefähr verbraucht? Wie viele Gramm sind das?

5. Wie viele Flaschen Wasser werden bei euch in einer Woche ungefähr verbraucht?

6. Wie viele Becher Joghurt werden bei euch in einer Woche ungefähr verbraucht?

- Benutze dazu den Fragebogen aus dem Arbeitsheft.
- Stellt zusammen, wie groß der Verbrauch an Lebensmitteln einer Familie in etwa in einem Monat ist. Entwerft dazu eine Tabelle.
- Vergleicht eure Ergebnisse.